創見文化，智慧的銳眼
www.book4u.com.tw　　www.silkbook.com

生存聖經**和**人生秘笈一步到位！

最強
生存力

國際知名企業與創業顧問
洪豪澤 / 著

　　洪豪澤老師出版的生存力等書是偉大的著作，我強烈推薦你一定要閱讀！

全球第一談判專家、美國前白宮談判顧問 *羅傑‧道森*

　　我是來自於美國經營跨國事業超過10個國家的Justin Banner，我非常榮幸能夠與我的事業夥伴洪豪澤老師合作，他是一位世界級的大師、國際級的演說家、頂尖的企業家、領導者，並且是一位教育事業的先驅者。他的課程不僅對你的事業有強力的幫助，而且還能幫助你個人有巨大的成長，我也是不斷持續向他學習！他對於你在建立事業及國際化的企業，會有不可思議的巨大幫助！

美國跨國企業家隱形富豪 *Justin Banner*

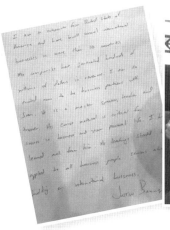

值得一讀再讀的人生指南書

我是王鼎琪，畢業於英國牛津 Oxford Brooks 研究所。幾十年來，我出版超過十三本暢銷書並創刊一本寵物名人雜誌，去過超過四十五個國家。自小在不愁吃穿的企業家庭中長大，我用行動證明給家人和所有人還有自己看，我也可以獨立創辦事業，經濟自主！

二十年前偶然機緣我認識了洪豪澤老師。在我拜會這麼多大師、去過那麼多國家、還有幫很多國際名師做翻譯、口譯的經歷，協助海內外無數企業，見識過多少成功的企業家，還是難忍要推崇這位我數十年如同家人般親密的事業合作夥伴，他的人生與我不同，從貧困到創辦事業，到數次創業失敗又爬起來，以及從臺灣到中國大陸、東南亞、美國，我們成為全球的合夥人。他在任何地方、任何領域，雖然一開始不見得馬上成功，但最終都能取得每個領域的第一！彷彿沒有他辦不成的事，他也是平凡人，也會有悲傷、挫折、痛苦，但最可怕的是他從低潮走出來的能力，從谷底翻身的能力，還有他驚人的學習力，後來就算再巨大的挑戰，他也能夠順利突破。並且如同他自己設定的目標做全球的生意一樣，如今涉足教育事業、科技行業、投資或者是擔任多家準上市公司的董事會成員，他的人生如同一部勵志的電影，也像科幻小說、或是浪漫的故事般曲折、離奇、高潮迭起，看起來是這麼的平凡，但卻如此不凡。應該說是千萬人也難以再找到第二個。

　　本書《最強生存力》的前集在臺灣曾拿下全國暢銷書排行榜第一名，是由我編輯整理，七年後再版的這本《最強生存力》，當然我除了做策劃和顧問之外，也共同宣揚最強生存力的精神，幫助更多創業者、擁有夢想的人達到財務自由或過上快樂幸福的生活，更希望對社會、人類都有巨大的貢獻與幫助，未來的幾十年我的生命與事業與洪豪澤老師緊緊捆綁在一起，不管多少歲、不論未來會如何我們仍然是一個追夢團隊與一生摯友。

　　只要你有夢想、有目標，希望重新改寫自己的故事，把自己當導演書寫人生劇本，《最強生存力》是你與你的家人、核心團隊此生必看，並且需要反覆再三，在20歲、30歲、40歲、50歲、60歲、70歲、80歲、90歲、100歲都必須要重新閱讀的一本書。更是必須讓團隊10個人、100人、1000人、1萬人、10萬人、百萬人必須共同閱讀的一本書，此書應該隨身攜帶，能讓你隨時擁有豐沛的能量，猶如人生的指南針、大海中的羅盤、沙漠中的GPS衛星導航，閱讀之後將令你愛不釋手，久久無法自己，趕快開始閱讀這本書，用心跟生命來與我們做靈魂的碰撞吧！

全腦高效能策略戰略顧問

王鼎禛 Cindie

最實戰有效且負責、專業的大師

　　我是肖楠，碩士博士分別畢業於澳洲、美國，自博士畢業後在摩根士丹利擔任高層主管，長期在金融領域工作幾十年來，我去過超過69個國家。有人說這輩子能夠去過69個城市都算不錯了，是的，我去過69個國家，無數個城市。主要原因還是因為我工作的平臺給了我認識和了解這個世界的機會和舞臺……按理說像我和洪豪澤老師不是那麼有機會相識，沒想到今天我還會為他的新書寫序，這本書應該是他的第11本著作了，顯然他是一個多產且知識淵博的作家。

　　多年前因為一家即將上市的企業同時邀請我為戰略及資本金融顧問及邀請他為企業IPO顧問並建立商學院的機會，我認識了洪豪澤老師。我們之間可以說是一見如故，我和他成為忘年之交，更是好朋友及事業夥伴。

　　由於中國大陸發展過程的獨特和複雜性，中國大陸近幾十年在企業發展的過程有許多人是難以評說的，而來自臺灣的洪豪澤老師則無疑是我們這一代人中絕對出類拔萃、令人尊敬，並值得學習的榜樣，中國及全球各地的學生對他的瞭解，大多是從網上視頻或者是他的著作《打造系統複製團隊》、《生存力》、《打造系統複製總經理》、《打造系統複製人才》等暢銷書及課程與總裁班，然而他極其專注專業與簡單的處事為人一度讓我詞窮到不知如何介紹他才貼切……

　　洪豪澤老師能在中國及各國家企業家與企業家導師中脫穎而出，出乎其類、拔乎其萃，一定具有他人不可比擬的長處，那麼洪豪澤老師的驚人

長處是什麼呢？在傳統的「企業及創業者」中，決定成功的因素儘管比較複雜，但總括：背景、學識、能力以及個人際遇這幾方面，都是令洪豪澤老師在這一領域平步青雲並成為行業的領航者。

除此之外，他還善於掌握時機，2007年他自臺灣來到中國大陸時，因正值東西方文化碰撞中國社會並發生根本變化的當口，他的巨大能量、能力幫助許多企業家產生了巨大的功效，在幫助無數企業上市、成為大型集團的過程中，他及時發揮了這方面的天賦並給予多且廣的幫助。

雖然他的顧問費用不菲，但我強烈推薦大家透過任何方式去向他學習，應該說無論如何一定要參加洪豪澤老師的課程及看他的書或者當面向他請益。不論你是個人、正在創業或想創業，甚至你的公司有上市計畫或者已經是上市集團，他對人才的招募、系統的培訓、商學院的組建、招商及銷售團隊的建立，絕對是我見過的國際級專家中最實戰有效且首屈一指的大師。

美國經濟學及行為心理學雙博士

青楠

教練的級別決定選手的表現

　　我沒有含金湯匙的出身、沒有任何家世背景與顯赫的學歷及資源，甚至家道中落，負債累累，還因此休學兩年，自小過著為錢發愁的日子，也沒有人脈資源與太聰明的頭腦，唯一有的是我願意努力，努力想擺脫貧窮，努力想改變家中的困境，甚至是從我這一代起能改變家族後幾代的命運！

　　這本書所說的都是簡單易懂、容易執行、深入淺出，卻是最先進、最新的頂尖資訊，能幫助讀者在任何地方、任何時候不只擁有財富，還享有生命生生不息的喜悅！

　　本書的前集是《即將失傳的生存力》2014年由台灣的創見文化出版！本書《最強生存力》可說是筆者特級加強的街頭生存力Turbo版！

　　2007年我從生活數十年的家鄉臺灣，搬到了海外去居住，當時帶著兩個大皮箱及十多名優秀主管，首先在上海設立公司，在全中國各地演講，後來又發展到了馬來西亞、東南亞等地，還有美國的洛杉磯、舊金山，拉斯維加斯，以及澳大利亞、日本等全球巡迴舉辦數百人到數萬人的活動，舉辦多場線上線下的課程與講座，並輔導企業發展及IPO上市及組建商學院、打造系統複製團隊。

　　早年我在臺北創業，把公司拓展到全臺灣的各城市，又因緣際會參加及學習日本的經營管理及講師培訓班，27歲到美國等各地學習銷售、管理、談判、心理學、催眠、演講、領導力、系統、團隊等技能，當時所學

習的學習對象並不是學校老師，而是在海內外各領域的權威專家或暢銷書排行榜第1名的教練，因為我知道教練的級別決定選手的表現，我學習的不是一般的理論基礎，而是超強的街頭生存能力，或許這與我的出生背景有很大的關係！

我在上海等地開設科技公司、企業管理顧問及教育訓練公司，並出版超過10本以上的著作，在很多國家的實體、網路書店都可買到。包括《打造系統複製團隊》、《打造系統複製總經理》、《打造系統複製人才》、《複製賺錢力》、《情景式演說》、《複製CEO》……等等。並接受中國CEO雜誌兩次的封面人物專訪及專題報導，榮獲美中傑出企業家獎項與登上幾個國家報章雜誌媒體專訪，並親筆撰寫歌曲「傳承」、「Shake your body」、「街頭生存力」數十首歌，及輔導很多小型公司、中型公司慢慢變成大型企業集團成功上市。自己也投資科技產業等公司，把所有理論與實戰經驗集結成這本葵花寶典、白手起家的超強生存聖經！絕對能抗疫情！抗通膨！抗不景氣！抗貧窮！

但最可貴的並不是我有這些微不足道的簡歷，最可貴的是我擁有三次創業失敗的經驗、擁有從臺灣到中國大陸、從中國大陸又到東南亞、從東南亞又到美國發展的實戰歷程。過程中有賠錢、有賺錢、有痛苦、有驕傲、有失敗的沮喪、有慶功的喝彩。也讓我想到在我十二歲的時候，曾經因為父親創業失敗破產導致休學兩年，這兩年帶給我無限的自卑與痛苦，導致了後面多年的不安全感與心理上的殘缺。

感謝我有機會學習，和持續接受正面積極及各種技能的專業教育訓練，並開始從事業務銷售工作與創業，還有一路走來碰到的貴人，讓我得以走出人生谷底，雖然比上不足，比下有餘，即使這一切的過程與挫折已

經過了幾十年，但夜深人靜的時候，月光透過窗簾射進來的微弱光線，順著餘光，我看到地板上彷彿折射出數十年前那個自卑不已、痛徹心扉、家裡負債累累、父親創業失敗還重病纏身而英年早逝的那個自己。

　　幾十年的創業及輔導創業者、輔導企業的生涯當中，或是授課的時候，都會想到現在自己所教的這一切，當年如果父親有學過，那麼或許我現在就是富二代了！我深深明白人生如創業，創業如人生，都有諸多的不容易，可以說是酸甜苦辣、冷暖自知！有時候表面的風光不見得是真實的，有時候低調的人、事、物看起來不怎麼樣，卻是擁有無比的實力與偉大，而在這個不確定的年代，世界局勢詭譎多變、天災人禍橫行的環境，不是一般人或者是大老闆才會碰到各種挑戰，每一個人都會碰到生命中的苦難，但當危難來時，擁有超強生存力方能化危機為轉機！

　　尤其在眾多挑戰的不測風雲與旦夕禍福之下，有時候人要活下來就不容易，更別說要活得好，還要事業成功、同時擁有家庭、健康、財富，當然更重要的是還要有快樂的人生。所以在2014年我深感於此，回最愛的家鄉臺灣出版《即將失傳的生存力》並舉辦簽書會，感謝出版社及讀者，還有很多我的學生及讀者給予支持，拿下了排行榜第一名，並打破了書籍單日銷售的紀錄。

　　多年之後再次出版這本書叫做《最強生存力》正因有感於光擁有「生存力」已經不夠了，所以加上「最強」兩個字，就像病毒也會變種一樣，要擁有更強的抗體及預防針才能抵抗多變的毒力。而《最強生存力》裡面

的每一個法則看似簡單，但絕對值得細細品味：看似容易，但絕對需要一讀再讀，看似單純，但肯定可以讓用心閱讀本書的讀者感受到如何成為人生的勝利者！

特別強烈推薦您把本書放在床頭書桌，甚至隨身出門的包包裡，或者推薦給身邊最重要的10個人及團隊共同閱讀。

這不是一本簡單的書，更是一個事業、經營人生規律、生命傳承重要的體會，更是數十年融合古今中外，各領域專家權威世界第一的精髓！感恩在茫茫書海中你我的相遇，希望有一天，有一個機會，我們能在某一個地方相遇！

最強生存力法則，平凡的小人物洪豪澤榮幸與您分享生命中的體驗，我們都是街頭鬥士，擁有超強生存力，活下來、活得好、活出精彩快樂人生！！

▲小時候家中本來因為父親成功創業有過富裕生活的我。

▶開始做銷售並努力賺錢，一天打六份差並一邊求學的我。

▲自2007年起全球各地報章雜誌與廣播電台專訪分享，並出版超過十本以上書籍及有聲書，在台灣、港澳及中國大陸、東南亞與全球網上書店發行，正在進行各種語言翻譯發行全球。

▲連續十多年舉辦的全球巡迴線下數千至數萬人大型總裁班及大型演講活動及線上活動！

|名人推薦| 全球第一談判專家、美國前白宮談判顧問～羅傑・道森 003

|名人推薦| 美國跨國企業家隱形富豪～ Justin Banner …… 003

|推薦序| 值得一讀再讀的人生指南書～ 王鼎琪 004

|推薦序| 最實戰有效且負責、專業的大師～肖楠 005

|自序| 教練的級別決定選手的表現～洪豪澤 008

最強生存力變現系統

01 寫作變現系統 …………………………… 020

02 自媒體變現系統 ………………………… 025

03 團隊變現系統 …………………………… 035

04 演說變現系統 …………………………… 055

05 天賦變現系統 …………………………… 103

06 行銷變現系統 …………………………… 153

商場贏家生存力

01 本業外賺錢法則 ………………………… 200

02 瘋狂賺錢法則 …………………… 205

03 產銷並重法則 …………………… 208

04 同理不可證法則 ………………… 210

05 識人法則 ………………………… 213

06 供需並重法則 …………………… 215

07 創業者必修法則 ………………… 218

08 賺大錢的萬能法則 ……………… 222

09 老闆心態法則 …………………… 225

10 拒絕底薪法則 …………………… 227

11 賺錢規則法則 …………………… 230

12 東邊不亮西邊亮法則 …………… 233

13 教育命脈法則 …………………… 235

14 慢即是快法則 …………………… 238

15 持續合作法則 …………………… 241

16 商業模式法則 …………………… 243

17 陌生市場法則 …………………… 246

18 目光十年法則 …………………… 248

19 執行檢查法則 …………………… 250

20 過濾法則 ………………………… 253

21 人人創業法則 …………………… 256

22 焦點轉移法則 …………………… 259

23 全員銷售法則 …………………… 261

24 惡性循環法則 ⋯⋯⋯⋯⋯⋯⋯ 264

25 創業者階段法則 ⋯⋯⋯⋯⋯⋯ 267

26 進化法則 ⋯⋯⋯⋯⋯⋯⋯⋯⋯ 271

27 康熙領導法則 ⋯⋯⋯⋯⋯⋯⋯ 273

28 成吉思汗打天下法則 ⋯⋯⋯⋯ 276

PART 3　職場開掛生存力

01 無條件信任法則 ⋯⋯⋯⋯⋯⋯ 280

02 盲目自信法則 ⋯⋯⋯⋯⋯⋯⋯ 284

03 與壓力共舞法則 ⋯⋯⋯⋯⋯⋯ 287

04 時間治療法則 ⋯⋯⋯⋯⋯⋯⋯ 289

05 萬能快樂法則 ⋯⋯⋯⋯⋯⋯⋯ 291

06 珍惜現在法則 ⋯⋯⋯⋯⋯⋯⋯ 294

07 捨得法則 ⋯⋯⋯⋯⋯⋯⋯⋯⋯ 299

08 非自動成長法則 ⋯⋯⋯⋯⋯⋯ 302

09 導師法則 ⋯⋯⋯⋯⋯⋯⋯⋯⋯ 304

10 差很多法則 ⋯⋯⋯⋯⋯⋯⋯⋯ 307

11 選對遊戲法則 ⋯⋯⋯⋯⋯⋯⋯ 312

12 學校不教法則 ⋯⋯⋯⋯⋯⋯⋯⋯ 314

13 臨場說話法則 ⋯⋯⋯⋯⋯⋯⋯⋯ 316

14 學習領導力法則 ⋯⋯⋯⋯⋯⋯ 319

15 做了再改法則 ⋯⋯⋯⋯⋯⋯⋯⋯ 321

16 私教法則 ⋯⋯⋯⋯⋯⋯⋯⋯⋯⋯⋯ 323

17 貴人法則 ⋯⋯⋯⋯⋯⋯⋯⋯⋯⋯⋯ 325

18 核心圈法則 ⋯⋯⋯⋯⋯⋯⋯⋯⋯ 329

19 配偶法則 ⋯⋯⋯⋯⋯⋯⋯⋯⋯⋯⋯ 331

20 能量法則 ⋯⋯⋯⋯⋯⋯⋯⋯⋯⋯⋯ 333

21 抱怨必亡法則 ⋯⋯⋯⋯⋯⋯⋯⋯ 335

22 持續學習法則 ⋯⋯⋯⋯⋯⋯⋯⋯ 338

23 赤子之心法則 ⋯⋯⋯⋯⋯⋯⋯⋯ 340

24 堅持守法法則 ⋯⋯⋯⋯⋯⋯⋯⋯ 342

25 逆向而為法則 ⋯⋯⋯⋯⋯⋯⋯⋯ 344

26 精準社交法則 ⋯⋯⋯⋯⋯⋯⋯⋯ 346

27 答案問題法則 ⋯⋯⋯⋯⋯⋯⋯⋯ 348

28 設身處地法則 ⋯⋯⋯⋯⋯⋯⋯⋯ 350

29 聰明工作法則 ⋯⋯⋯⋯⋯⋯⋯⋯ 352

30 不能流失名單法則 ⋯⋯⋯⋯⋯ 354

31 掌控情緒法則 ⋯⋯⋯⋯⋯⋯⋯⋯ 356

32 No excuse 法則 ⋯⋯⋯⋯⋯⋯⋯ 360

33 自知之明法則 ⋯⋯⋯⋯⋯⋯⋯⋯ 363

34 三國智慧法則 ⋯⋯⋯⋯⋯⋯⋯⋯⋯ 367

35 新人脈圈法則 ⋯⋯⋯⋯⋯⋯⋯⋯⋯ 370

36 活用 NAC 法則 ⋯⋯⋯⋯⋯⋯⋯⋯⋯ 372

37 活用 NLP 法則 ⋯⋯⋯⋯⋯⋯⋯⋯⋯ 375

38 吸引力法則 ⋯⋯⋯⋯⋯⋯⋯⋯⋯ 377

39 環境法則 ⋯⋯⋯⋯⋯⋯⋯⋯⋯ 380

後 記 ⋯⋯⋯⋯⋯⋯⋯⋯⋯ 382

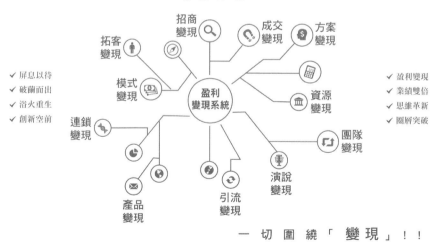

PART
1

最強生存力
變現系統

01 寫作變現法則

如果你喜歡寫作或願意學寫作
寫作能力就是你的賺錢力

　　在我輔導的幾家公司裡，我都會要求他們的團隊成員每人每天都要在FB上面po文，有人說他比較不喜歡寫作，不喜歡寫字，我建議他可以用講的，然後將語音轉成文字做修改。為什麼要這麼做呢？因為本書後文談到的自媒體行銷裡就提及，如果大家都具備兩種本事，你的團隊就能吸引到很多潛在客戶與團隊夥伴加入。其中一個本事叫做演講、演說的本事，所以我不斷強調演說的重要性，我出版一本書《情景式演說》，也開設情景式演說班。這是因為演說這門功夫、這門技術，讓我的人生有巨大的轉變，不管是扭轉乾坤還是拓展新市場、新客戶，或是快速增加及累積財富，這都是一個學校沒有教但卻非常重要的技能。

　　另一個本事是寫作，因為你可以在FB或很多平台上發表，你可以寫文章在中國大陸的知乎、小紅書或其他自媒體創作平台上面。而有些人不喜歡露臉、不喜歡讓別人認識自己，不願意讓認識的人知道你，可以用筆名，你可以透過寫作出書，甚至像我一樣出版很多書。我的目標是在一生當中要出版100本書，目前進度雖然還沒有達成，但是我已出版多本著作，還開班教授寫作與出書，教導如何成為暢銷書作者。

　　我曾邀請了《心靈雞湯》的作者馬克·漢森到中國大陸舉辦多次演

講，教授如何成為暢銷書的作家。但大部分的人都會有障礙，什麼障礙呢？覺得自己不會寫書，不知道怎麼寫？寫了有人看嗎？有必要出書嗎？若是不會寫，寫不好怎麼辦？自己又還沒那麼成功，或是覺得好像很成功的人或者是已逝的人才會出版自己的書。

請思考一下，古今中外有哪一個行業、哪一個人做某件事達到了一個成功的境界，但是他沒有出書，沒有自己的著作。不管是自己寫或者別人幫他寫，這都不是問題，甚至現在你只要上網搜一下就可以找到人幫忙寫。所以寫作能力是很重要的本事，你還可以投稿到很多自媒體，也可以直接生出一本書，如果你是一名創業者，想要進入一個新的市場，你就可以通過這樣的方式！

我曾經協助一家在上海有幾百家連鎖店的火鍋店，出版一本書《超越麥當勞》，這本書的書名叫「超越麥當勞」，誰會買來看呢？買來看的人可能就是對這本書有興趣的族群。而這本書當時的售價並不便宜，將近要台幣500元以上，並在書中附上火鍋折價券。這本書其實就是一個很好的引流工具，並且能讓全公司上下人手一本，令員工們對老闆有更深的認識，還將書陳列在所有的火鍋分店，很多客人進店用餐後，會好奇想看看這是什麼，然後店員就告訴他買一本書可以得到多少的餐飲折扣，書後還有徵人廣告，那麼看過這本書的，說不定有些人就會跑來應徵，而有的會因為折價券而上門消費，造成一種良性的迴圈。

書是你24小時不眠不休的業務員，不會請假又不需要付薪水。有學員常問我：「可是我不知道把書放在哪裡賣，可是我還不會寫，我有很多很多的問題……」是的，因為你沒有找到專業的人來教你，其實很多事你只要會了，就不覺得難，你不會，所以覺得很困難。當我學會之後，多年

來我透過出書開拓了很多新市場、新客戶，還有很多朋友、夥伴主動找跑來找我們，這是除了演講之外非常好的方法，你什麼都不需要會，你也不需要知道怎麼做，你只要想要就可以了。你可以跟我們聯繫，我也會幫助你。（可洽詢這個郵箱：1729920199@qq.com註明您想要出書輔導，或者是希望成為作家可以透過寫作賺錢，或者這本書的閱讀心得感悟，都非常歡迎您的來信）

因為我也想幫助很多人通過寫作來知識變現，不管是投稿還是出書，通過寫作變現是一個非常好的方法，在學校寫作文得了高分，可能只有一紙獎狀，或許也是一份榮譽，但是如果你學會寫作變現的方法和技巧，可能它會給你帶來巨大的財富，也可能給你的人生帶來巨大的轉變，可能讓你得到別人的尊敬，好處實在太多了。如果你有興趣，我可以幫助你如何靠寫作賺錢，增加財富。

我建立了「全球創業人物實錄」的平台，在培養作者的過程當中我提供很多傑出的創業者來讓作者採訪，我相信這對作者而言，不但是一個鍛練寫作的機會、能增加收入，更可以從每一個人的人生以及創業的故事學到非常多的經驗，當然也會得到很多的人脈及人生經驗，就像是美國歷史上，有兩個卡內基都非常傑出，其中有一位是戴爾、卡內基，是一位教育學家也就是暢銷書《人性的弱點》的作者，他非常希望能夠留下更多當代眾多成功人士奮鬥的經驗以及傳奇，讓未來的人學習、借鑒。那個時候，一位雜誌社的記者拿破崙、希爾，剛好去訪問了那位鋼鐵大王安德魯·卡內基，他一見到拿破崙·希爾，就覺得這名年輕人很有慧根，他問拿破崙·希爾，願不願意花20年的時間來研究美國知名的成功人士，當時卡內基手裡拿著碼錶問了拿破崙·希爾，如果你超過一分鐘沒有決定，我就

斷定你不能做好這份工作，他說除了你去訪問這些傑出優秀人士的差旅費以及必要的費用之外，並不會給你太多的其他收入，你願不願意去做？拿破崙・希爾問：「你為什麼不給我生活費呢？」安德魯・卡內基這時候說了一句非常非常發人省思的話，他說：「如果我用金錢去幫助一個人，就可能會毀掉這個人，這個人必須發展他自己的能力，才能獲得最後的成功。」

　　果然拿破崙・希爾不負重任，從1908年到1928年，花了整整20年的時間，拜訪了美國504位成功人士，包含當時的威爾遜總統、羅斯福總統、發明大王愛迪生、汽車大王福特先生，所以1928年他的第一本書出版時就取得了很大的成就，陸陸續續他又寫了很多的書，所以，總結來說拿破崙・希爾博士是拜訪了很多名人、偉人、傑出的成功人士，通過採訪編輯成一本一本能幫助別人的成功寶典，於是多年前當我知道拿破崙・希爾思考致富的這個故事之後，我決定邀請跟徵求那些想要在文字方面發揚光大，或者是希望拜訪很多成功創業人士的人，我想培養他們成為作者，甚至是我的合作夥伴與我一起在全球線上線下演講的超級演說家，成為更多的「拿破崙・希爾」，如果你有興趣的話，也請跟我聯繫？我能培養你成為優秀的作者，認識更多的人脈！sam1713006978@qq.com請註明簡歷及自傳與來信目的。

◀掃碼即能免費看全球創業者的故事。

Thinking & Action

1.

2.

3.

02 自媒體變現系統

「打造個人\企業IP」是
未來十年人人必學的標準配備

 打造自媒體營銷矩陣

　　IP指的是網路位址，也是一種網絡用語，就是一個大家都知道的形象，也成為了一個流量入口的象徵，比如某個明星、網紅是IP，某個動漫遊戲形象也是IP，某種標籤、logo、品牌都可以是IP。如同想到韓國，就想到整形業發達，說到日本，就想到貼心服務，提及美國西部，就想到牛仔，一講到便利商店，就想到了7-11或全家。

　　不管是個人還是企業，自媒體絕對是「今天不做明天就要後悔」的營銷模式！而「打造個人\企業IP」絕對是重中之重，從2022年起，我的公司也在全球開展這門課程及服務，除了從2005年開始我所運用的打造個人及企業品牌的方式，靠出書、演講、出唱片、拍微電影及電影、舉辦數萬人活動，現在我們也組合專業團隊打造自媒體營銷矩陣，並且協助很多個人和企業透過線上線下合力打造個人及企業品牌，這絕對是一門每個人及每家企業不可不學的營銷模式！

　　未來十年，公司創辦人或企業的某種形象代表都可以說是個人IP，過去靠電視打廣告或報紙版面推廣的時代已經有了天翻地覆的變化，就個

人而言可以透過自媒體打造出一個不需投入巨資的品牌，雖然容易開始與展開，但由於人人都能試試看，就變成要和全世界競爭，相對難度比較高，但自媒體營銷及打造個人品牌絕對是一般人創業非學不可的必修課！

打造自媒體營銷矩陣又是企業成功的保證，就像開連鎖店一樣，自媒體營銷矩陣就是類似開連鎖店的概念，只是是在手機網路與電腦上的連鎖店！！

最近一百年的進步程度可能相當於過去一千年的總和，但未來十年的進步程度，可能又是過去一百年的總和，當然並不是這十年或一百年就發展得這麼厲害，而是過去那幾千年歷史所累積出來、展現出來的文明成果。所以我們活在這個時代，這個有黑科技的時代，活在這個或許是元宇宙，或者是無人機或者是虛擬空間，身處這5G、6G時代是何其幸運，但如果我們沒有善用工具，就會被善用工具的人所淘汰，人類社會是如此，商業社會也是如此。而自媒體的行銷矩陣所說的就是今天不用，明天一定就會後悔，你做了不見得會成功，但不做就會被市場所淘汰。

而什麼是自媒體行銷矩陣呢？如果你在中國大陸，你不只要擁有抖音的帳號，你還必須要擁有很大的、很多的抖音帳號，在我輔導的公司裡面，我都會協助他們不斷加強這部分。甚至我的總裁班，我也會教學生，教那些老闆要讓自己的員工每個人建立自己的帳號，從抖音帳號、快手帳號或者是小紅書帳號，或者是知乎帳號、或是嗶哩嗶哩站的帳號，員工每個人都要有，並授以統一的素材以及非統一的素材。我還會教如何寫文案，如何做短視頻。

在中國以外的地方，假設你的公司有10個人或者是你的團隊有100人，如果每個人都建立Facebook、Instagram、YouTube、Twitter、

Line……這些帳號，都寫下跟公司或產品或者是你想表達的文化有關係的內容，每天持續這樣做，其威力是你無法所想像的。在過去可能你要花幾百萬、幾千萬、幾億打廣告，而現在只要做好行銷矩陣，再加上適當的廣告，那個效果可能就是過去的數倍、數十倍甚至數百倍這麼大，這就是所謂的行銷矩陣的強大威力。雖然大部分的人都懂這個道理，大部分的公司都明白這個原理，卻沒有真正去執行，而我服務和協助的很多家公司裡，還會提供獎金作為獎勵，每個人每天必須檢查大家是否有發文，是否有真誠地發表文章或視頻、音頻，而且要大家一起持續做，還要做正確的方向，如此一來，你的文案可以變現，你的視頻可以變現，你的音頻可以變現。

如果你是一個團隊、一家公司，是銷售產品或服務，那麼大家一起做，效果就更不一樣了，試想，不管你左刷、右刷，怎麼刷都刷到同樣的產品或服務，或許人們不見得會馬上去買，但是如果這時候還有人給你介紹，或者是邀請你去聽招商，而你又對這個產品或服務有印象，是不是就可能會購買？可見，有時候它或許沒有達到直接的業績提升目的，卻能漸漸地讓很多人、潛在客戶對你的產品或服務有印象，廣告不就是如此嗎？你在電視上看到一個廣告，後來有朋友又正好向你推薦這個產品，你就心動買了。過去廣告的主流是電視，現在是自媒體，所以打造行銷矩陣刻不容緩，今天不做明天就會後悔，非做不可！

不是你要不要做的問題，因為當你還沒行動時別人已經做了，也許做的時候效果不見得那麼好，但是如果你不做，一定會被很多對手打得一敗塗地，知道是知道，但是還是有很多人做不到，還是有人無法去執行，還是有人做一做又不做了。但我必須不斷地強調，在如今商業社會的公司及

個人，因為在過去只有大企業才能夠投入很多廣告費用，而現在就算是個人也可以通過自媒體行銷矩陣達到一定的效果，進而達到變現的結果，所以我要你列出所有的自媒體頻道，不論是在中國大陸還是在中國大陸以外的地方，每天堅持，就可以吸引到更多有興趣的人到你的公司找你，或到你的自媒體來留言，而你只要跟精準客群溝通，只跟有興趣的客戶推薦，只要跟想加入你團隊的人溝通就可以得到結果，看起來很簡單、門檻很低，雖然入門容易，但不容易堅持、容易開始，不容易持續，容易做但不容易複製，所以我才一而再，再而三地提醒大家要堅持做下去。

從零基礎到投入的具體方法

錄播

垂直領域的錄影，持續高頻率地在自媒體平台播放出來，讓大家可以在任何地方刷到自己，比如在 YouTube 或抖音搜尋「洪豪澤」，就可以找到一些我的影片，這是持續經營個人或企業品牌的方法！

直播

透過固定時間的直播或是在很多場景的直播來增加紛絲及宣傳，比如你只是擺個地攤或開間小服裝店都可以透過直播吸客，說不定線上產生的收益就超過實體店的經營，當然很多人不願意露臉，也是可以請願意做的團隊或自己依照喜好來選擇是否這麼做。但最重要的是要有恆心毅力。至於直播內容，可以是自己的喜好、感興趣的，不管是帶貨還是知識博主，都是可以的。

③ 帳號矩陣

所謂的帳號矩陣就是在中國大陸以內的地區運用抖音、快手、小紅書、知乎、嗶哩嗶哩，或者公眾號、視頻號，中國大陸以外地區透過YouTube、Facebook、Titoke、line……等等不同的知名自媒體帳號，同時發佈一樣的內容或者是不一樣的內容，並且多帳號同時運行，比如你有客戶、有團隊，大家同時在做一件事，有些公司會規定所有的人都要開一個這樣的帳號，大家同時發送，並將此作為薪資考核、晉升獎金的評定標準，這就是所謂的帳號矩陣。

④ 線上線下相互導流

線上線下的互相導流，指的是你在做線下活動的時候，請客戶、消費者同時關注你，然後轉發，不管是朋友圈還是所有的自媒體帳號，形成線下導入到線上，當然在線上的時候一樣透過在線上發佈消息，讓人們到線下參加活動，這就是所謂的線上跟線下相互導流。

我在輔導很多企業時，也會在招商會當場，通過全體一起發送的方式做矩陣，這是一個很棒的方法。但很多人還是沒有這麼做，以前我曾經每一年都要辦好幾百場的活動，當時還沒有這麼方便的自媒體工具，如果有的話就能擴大影響力，在過去可能你要去電視臺打廣告，花很多錢才能得到這樣的效果，現在透過這樣的方式散發出去可不得了，但你要注意的是，你所發布的內容要是正面的、合法的，不然就會有負面的影響。

⑤ 轉化

這裡所說的轉化是指有人有很多粉絲、很多流量，但卻沒有辦法變

現，所以一開始所設計的轉化路徑，除了量大之外，就要有精準的垂直分類，比如想要讓消費者買鍋具的，就去介紹如何煮菜，我的公司APP裡有一款專門做翻譯以及轉寫的功能，叫做「小鹿聲文」，中國大陸地區以外叫做litok，可以在手機端下載。當我自己或是我請人說話的時候，我就會打開這個APP軟體放在旁邊，馬上就能轉成文字及翻譯成各種語言，與我談事情的朋友，馬上就能體驗到這款APP的效果，然後我再提供APP的二維碼，讓大家立刻下載。所以轉化必須是要相關的，如果沒有相關，那轉化起來是非常困難。

⑥ 公域流量與私域流量

什麼叫公域流量，我們想像在大海裡捕魚，就是公域流量，也就是大海，類似YouTube，然後把捕到的魚全部帶回自己家，家裡面建了一個很大的池塘，就是所謂的私域流量。所以我們要不斷去公域流量裡捕魚，也就是去所有的自媒體平台去找流量，就像過去在街上找客戶一樣，而把人邀請到自己的池塘，也就是老客戶的轉介紹，當然也必須要透過錄製視訊或直播，把人吸引到私域流量，也就是所謂的Line或者是微信朋友的微信群，因為這樣才有更強的黏度，所以從公域流量導入私域流量，或者是把私域流量做到極致，從私域流量裡面再去裂變出公域流量，透過從Facebook裡面把人導到YouTube，再從YouTube裡把人導到Facebook，這就是所謂的公域流量與私域流量的相互引流！

⑦ 社群

這裡的社群指的是在私域流量裡建立群組，比如在line建立line的群

組，在微信建立微信群組，透過社群來做裂變，讓每個人再介紹人進來，形成很多群，比如你有 10 個群，一個群裡有 300 人，那就有 3000 人，但是如果沒有用心經營的話，那這個群就會變成廢群，如果用心經營的話，每個人都這麼做，那就會擁有極大的影響力，所以經營好社群，定期在社群裡發布內容，比如做直播，並做好管理，都是把私域流量再裂變的最好方式。

8 知識變現

把你所會的教給別人，請記得就算你會打毛線、會游泳、會煮菜、會健身⋯⋯這麼微不足道的東西，看起來沒什麼了不起，你可以把它寫下來或錄製下來放在自媒體平台。像我的平台裡面，有一個頻道叫做「全球創業人物實錄」所蒐集的是全球優秀的創業家們平凡與不平凡的故事，這就是所謂的在我網絡的池子裡面，要做細分化的領域，並把所會的東西變成社群，除了平台會給流量錢之外，還能產生後續的廣告與收益，比如在 YouTube 裡面搜尋「洪豪澤全球觀」就可以找到非常多的文章、影片。比如你會做菜，但你又不想露出臉，那麼你就可以用你的雙手做菜，做成一道一道的煮菜流程，如紅燒獅子頭、清蒸鱈魚，把材料如何處理、怎麼做，拍下來放到自媒體公域流量平台裡一段時間後，說不定你還可以賣鍋具，還可以賣烹飪的課程，千萬不要覺得沒有人會看，因為你會的很多東西，也許就是別人不會的。

9 選擇自媒體的跑道

選擇自媒體的跑道，如果你喜歡寫文章，那就以文字為主，像我的

平台裡面會應徵作家，也就是可以透過在我們這邊學寫作，作品可以投稿到其他平台，也可以在我們平台這邊協助創業人物的採訪寫作，不僅能領到稿費，還有機會成為大作者，可以出書賺大錢，這就是一種知識版權，但是要確認你對文字的撰寫是有興趣的。還有就是聲音，如果你喜歡用說的不喜歡用寫的，也不喜歡露臉。可以在APP搜尋「荔枝電臺」FM630256及喜馬拉雅電台搜「洪豪澤」就能找到我的聲音檔演講。你可以把任何你想錄的，比如說舞蹈、比如說烹飪、比如說演講、比如說寫作，把你的知識及你所會的錄下來，也就是錄音檔或者錄影檔經過剪輯，放在自媒體平台上面，因為現在很多的剪輯軟體都很簡單，有些APP還會搭配單獨的剪輯軟體，比如抖音就有搭配免費的剪輯軟體，並不會太難。

10 團隊運營或個人運營

如果是自己想從自身開始創業，一開始做可以選擇這些平台裡面的其中一個先開始，從拍攝、剪輯、文案，到選擇一個垂直領域的話題或是才藝知識來做輸出，當然持續堅持、每天去做是最重要的。或是選擇用公司化的角度，團隊的運營方式，當然要投入成本、時間精力，有人負責拍攝、有人負責剪輯、有人負責文案、有人負責推廣，或許有時候還要下廣告，這就是公司化經營。

11 所謂的MCN機構，就是網紅經紀公司

當明星，在過去要由星探挖掘，現在你可以自己毛遂自薦，當然也可以自己成為這樣的網紅經紀公司，註冊之後可以網羅很多網紅來做推廣，

當然必須要有專業人才或者是自己已經有經驗，所以也可以自己成為專業的 MCN 機構，也就是說自己成為經紀人公司，而不用自己出鏡、當明星，這也是屬於比較專業的方式。

這些方式都可以同時做，你可以先從自己有興趣的開始：

- ✅ 文字為主
- ✅ 聲音為主
- ✅ 錄播＋直播
- ✅ 社群
- ✅ 公域流量＋私域流量
- ✅ 結合線上＋線下
- ✅ 賣貨或知識變現
- ✅ 中國大陸自媒體平台或大陸以外平台或者兩者並進
- ✅ 團隊運營或個人
- ✅ 加入 MCN 機構或自己運營
- ✅ 成為 MCN 機構

但請千萬記得以下的關鍵字：

堅持、創新、努力、加入平台或建立平台、有人帶及教、持續、決心！

自媒體，絕對是未來十年個人或企業最需要學習的技能之一。

Thinking & Action

1.

2.

3.

03 團隊變現系統

只要打造好團隊，可以什麼都不會！

「團結就是力量」這句話大家耳熟能詳，也都聽過萬眾一心，泥土變黃金，一根筷子易折，一把筷子折不斷的道理，但這些不只是理論，而是很真實的真理，為什麼呢？

因為沒有人是十全十美、萬能的，一家公司就是由眾多有缺點的人集合在一起，然後每個人都發揮自己的優點，用別人的優點來掩護自己的缺點，這樣就能夠人盡其才，每個人專注發揮自己的優勢。像我自己其實是比較不喜歡應酬，不擅長做公關的。所以我的團隊裡就會有那些只要到了飯桌上就可以打開話匣子說不停，能調節氣氛的人才，只要到了KTV就可以主動帶動氣氛讓感覺嗨起來，而我就做不到。

我記得我的團隊裡有一位優秀的公關人才，每次我跟他出去，他都能把氣氛搞得非常熱鬧，一點都不會冷場。有一次我跟他一起外出，迎面走來一位我跟他不太熟的人，甚至都記不起這個人是誰，於是這位公關人員就主動上前，很熱情地和他打招呼，兩人還友好地擁抱了一下，事後我問他那個人是誰，他說他也搞不清楚，只知道是一個大客戶，這是因為他習慣跟別人都這麼熱絡，而我感覺就比較冷淡、冷靜一點。

如果你在市場銷售這方面非常強，那麼就應該搭配一個研發天才，

如果你擅長做後勤，那麼就要有人去開發市場拿下訂單，假設你是不拘小節，那麼就要有人幫你管理細節，如果你有很遠大的夢想，那還要有人去執行落地。在複製CEO這堂課裡我曾經提到，人分成「開門的人」和「關門的人」。什麼叫做「開門的人」？「開門的人」就是天天有很多好的點子，但還需要有「關門的人」來搭配，什麼叫「關門的人」呢？就是有人把門打開之後，還有人把門關上，就是他會去落實每個步驟、每個細節、每個環節，甚至細到每天每個小時，誰做什麼事，他都非常清楚，這就是所謂的團隊互補。

 如何把團隊裡的老人啟動激活？

由演員陳道明所主演的《胡雪巖》是一部非常棒的經商典範，劇中胡雪巖從小有兩位好兄弟死黨，他們三個人一起創業，沒想到後來胡雪巖成為了中國首富，阜康錢莊越做規模越大，胡雪巖的財富越累積越多的時

候，他的兩位好兄弟本來只是他的助手，也跟著累積了相當可觀的財富，但是在規模越來越大，也就是朝廷把錢存到阜康錢莊裡，成為國家重要的銀行時，胡雪巖的財富與聲勢可說是如日中天。

而他經常碰到的團隊處理問題，就是這兩個從小到大的左右手，也就是他的兩個副總，有一位已經改變了對胡雪巖的態度，因為他知道今日之胡雪巖已非昔日之胡雪巖，他知道這個時候必須要在大家面前給他面子，對他尊重。然而另外一位因為覺得和胡雪巖有自小情份，之前是什麼態度，現在也是這樣的態度，不曾改變，而且無法適應要在外人面前給胡雪巖面子。所以經常在眾人面前直接給胡雪巖難堪，甚至抱怨批評，令胡雪巖非常苦惱。

所謂的團隊裡的老人指的是跟你一起打拚起來的左右手，或是你多年的好同學、好朋友，要如何處理類似這樣的問題呢？元老級的老員工、團隊裡的老夥伴，其實他們有相當的能力與經驗，更是勞苦功高，叫做沒有功勞也很疲勞，沒有功勞也有苦勞，所以帶團隊學習就非常重要，我相信每位創業者以及所有的創業公司慢慢發展變大之後都會有這樣的問題。在我第一次創業時也是帶了兩、三個人，後來公司越做越大，有了幾百人，當時我就承襲著一位前輩告訴我的方法與傳統，就是經常帶團隊一起去外面學習，學之前一起做預習，學之後一起做複習，一起開會後會，也就是透過別人、外力來幫忙做調整，效果是最好的。

後來我到了中國大陸發展，開設管理顧問公司，也有很多老闆帶著高管、帶著核心成員一起來參加，他們難免會擔心核心幹部會不會知道的太多了。這個問題完全不需要擔心，因為在資訊爆炸的時代，你越不讓他知道，越沒有一起學習，越容易走偏，效果更差。就像大禹治水一樣，你要

做的並不是去圍堵，而是去疏導，所以我建議解決這種問題最好的方法就是一起成長。其實不只是合作夥伴之間，有時候夫妻之間也是一樣，沒有錢的時候還能過得很快樂，慢慢有錢了，夫妻之間反而出現很多問題，往往都是因為沒有共同成長。所以讓團隊員工共同參加學習，一起看書、一起成長，是很好的方法，這個時候如果真的不願意成長，不喜歡配合，討厭學習的人，那可能就會被自然淘汰，這時該怎麼辦呢？

有一個很好的方法就是：再開拓另外一個戰場，比如另外一個產品線，比如另外一個地區，比如另外一家公司，讓元老團隊的人永遠有新的戰場、新的舞臺，因為很多老夥伴通常喜歡提當年勇，但不提怎知你當年勇，所以就會不斷地談到過去如何如何，這個時候最好的方法就是讓他擁有新的舞臺、新的空間，然後保留舊舞臺的利潤給他。但透過教育訓練，透過這種各立山頭，同時並用才是最好的解決之道。

有時候抓不住的就要放手，真的沒辦法那就只好讓那些不適合的人離開，但請記得任何人離開時，反而要給他更多的禮遇，或者是感謝他。因為不管未來會不會再繼續合作，顧著人情在日後好相見總是對的，不要去得罪以及忽略某一個曾經有過功勞的人，當然也不要去藐視曾經對你有幫助的人，尤其是在你剛出道的時候。比如說我曾經看過一張照片，就是麥可・喬丹和已經年邁的教練合照，教練當年出道的時候帶著他、幫助他，也就是他的導師，所以到麥可・喬丹已經很有成就的時候仍然很感恩他的教練當年對他的不離不棄。所以千萬不要忘了在你有難的時候或者是剛出道的時候幫助你的人！

我曾經看過劉德華是如何感謝一位他以前的恩人，那位恩人在他最艱難的時候，資助了他四千萬港幣，而劉德華後來還清了這筆錢，介紹不少

生意給那位恩人，並且在所有的場合，都還在感謝這位曾經對他有恩的人，也難怪劉德華能紅一輩子，因為他懂得感恩。

珍惜才會擁有，感恩才會天長地久！不能只是說說，人們會看你怎麼做，而不是看你說什麼，人們喜歡幫助懂得感恩的人，你對老夥伴的感恩，他對你的感恩，不管你現在處在什麼角色，我想都是非常重要的，千萬不要為了一點點利益而去得罪不該得罪的人，不要為了一點點利益而去傷害污蔑或者是背叛曾經幫助過你的人。你對你的夥伴，你的夥伴對你都是如此。

 ## 如何處理團隊中有人離開？

通常在我們離開一家公司時，基本上都會希望那間公司很好，私底下卻不見得會希望那家公司真的好，這是人性使然，就好像你跟你的前任分手了，表面上你祝福他，但其實當你知道他過得很好的時候，你又感覺有點不是滋味、不甘心，彷彿對方過得不如意，就能證明你的離開是正確的選擇，比如留在一個國家，比如去某個地方發展，你都希望你做的決定是對的，所以順從人性真正的心理，會希望自己沒選擇的那個人或公司的決定是對。但不管如何，你都應該對選擇離開你的人有一定的禮遇，當然最重要的是不能讓還待在你身邊的人寒心。因為你不是做給他看，主要還是要做給所有的夥伴看，請記得當你做一個決定的時候，你的影響就像一滴水滴滴到池塘裡面一樣，它會慢慢散開，因此要謹慎做好你的每個決定。因為別人正在看你是如何對待離開公司的人，只有被愛、被感恩包圍的公司才會吸引人來，而不只是薪水多寡的問題，你必須要審慎對待公司的

人，有時候抓不住的就要放手，就像人生一樣，去改變你能改變的，去接受你所無法改變的。

 ## 為什麼企業顧問或空降總是很難成功？

雖然我擔任企業顧問並協助多家公司做管理及團隊的建設或者建立商學院，但我卻仍然要說：要慎選你請的老師或顧問，甚至是你外聘的總經理CEO，因為很有可能發生水土不服。

比如你從外面請了一位高學歷、曾經在500強企業工作過，或者是有很好的經驗的人來到你的公司，卻水土不服，不但底下的人不服，發揮不出績效，甚至還可能出現反效果，白白浪費時間和金錢。這都是因為企業文化不合，所以有很多空降的主管、隨便找來的顧問，都可能出現這樣的問題。

我剛開始協助很多企業做管理顧問時，因為當時在整個中國大陸甚至亞洲我們公司的收費都不算便宜，還有人說應該是市場上，甚至比知名的麥肯錫顧問公司還貴，曾經有客戶找我們公司內部的主管，表達是否可以收費便宜一點，這種私底下找客戶做私單，或者是私底下找我們公司的人並跳過公司來請顧問的，最後的結局肯定都是有問題的，為什麼呢？因為大部分的人都只能看到表面，只能做到表面，沒有辦法把事情做好，請記得，有些東西第一次就要做對，有些事情，不是便宜就好，有些事情，不是省事就可以。因為大部分的人都只看到點或線，看不到整體。這裡面最重要的就是企業文化。大部分剛剛加入一個團隊或公司的新進人員，不管是年紀有多大、資歷有多深，或者有多厲害，都會因為不適應公司的文

化而導致能力無法發揮，甚至待不下去，當然也不會對團隊或公司有多大的幫助。所以如果能力不夠強、資歷不夠深、無法循序漸進、不了解該怎麼做的顧問，是沒有辦法真正幫助公司的。在我擔任企業顧問時我會想像自己就是一位設計師，我必須了解主人想裝修的房子是想要裝修成歐式風格、日式風格、還是美式風格……也就是到底企業老闆希望把公司帶成什麼樣，按照他的想法再來進行設計師的工作。如此一來，才能夠搭配得好，這就不是只有能力強或學歷高能做得到的，還必須要有系統搭建的能力以及相當的經驗。

我經營公司多年，開設很多公司，後來還成立了一家公司做教育訓練與管理顧問。所以我是先成立了公司，先帶了團隊，先做了銷售，先學會世界第一的知識，知道怎麼有效運用，然後才去做教育訓練、管理顧問。

而在市場上有很多人，他們可能是學了東西之後為了賺錢就馬上拿去教，其實教育是根本，不然怎麼會說十年樹木、百年樹人。因為急功近利造成很多的管理顧問只是照本宣科，知其然卻不知其所以然，很多的高管、CEO被外界聘請過來，他只是有能力，但卻沒有辦法融入這個文化，因為在骨子裡，在基因裡，就沒有真正從事過，沒有真正有經驗，但我們也不能說都不好，因為還是有很多CEO、很多顧問能把公司管理好的，但是不管怎麼樣都必須經歷一個磨合過程，即使是我來做也一樣，這個過程的時間短與長，以及有沒有用心去適應這個環境，就是管理顧問的態度以及能力的問題了。

就像是有個男人娶了第二任老婆，就算新妻子人品再好，還是要適應與他的兒子女兒溝通相處，這就是所謂的空降，因為不是她親生的，直接接手管教，當然就會出現問題，但也不乏相處得很融洽的，那是因為快速

適應了文化，我想這樣的舉例，各位就能夠更清楚明白。

　　至於文化到底有多麼重要，有實戰經驗的人都知道如何去快速適應文化，沒有實戰經驗的人只知道表面，不知道企業文化的精隨，於是就沒有辦法快速適應某一個公司的文化並管理，所以感覺好像差不多，但是差一點點就差很多，成功與失敗就在差這麼一點點，失之毫釐、差之千里。

　　關於管理顧問輔導公司的流程，我建議如下：

1. 與創辦人深談了解企業的背景
2. 深入了解公司的短中長期目標
3. 目前組織架構人員狀況細節
4. 目前的挑戰及過去的解決方案
5. 參與幾次會議及活動
6. 制定出方案及執行步驟
7. 先與內部核心人員開會直到達成共識
8. 做出藍圖及計畫
9. 舉辦內部訓練及商學院
10. 對外開始舉辦活動
11. 其它細則及無數次的會議討論
12. 執行三個月並隨時調整
13. 年度計畫及目標

 有效面試持續找人

　　不論做什麼行業、什麼工作，不管是誰，都有一個非常重要的任務，

就是持續地找人，尤其身為領導者、身為老闆，找人更是非常重要的關鍵。試想地球上有70億人口，假設出生率大於死亡率，那麼人口就會持續增加，如果死亡率大於出生率，那麼人口就會不斷減少。假設出生率與死亡率都大幅上升，那整個地球人口雖然會維持不變，如果比例差不多，那整個地球的人數是差不多的，但有一件非常可怕的事，如果只有出生率沒有死亡率，或者是只有死亡率沒有出生率，那都是會影響整個地球生態。

　　一家公司、一個組織、一個團隊、一個企業，也是如此。有人來、有人走是正常的，而且是合理的。所以不管你做什麼事，想要成功，就一定要持續找人。

　　我的公司有一個服務就是協助老闆及企業家到美國及日本或者其他先進國家，去參訪世界500強的企業，去向它們學習，並且邀請或引薦這些公司的主管、領導或是老闆與客戶認識，因為想要學習別人先進的技術、服務與文化。要成為一間偉大的公司，要建立卓越的團隊，如果沒有經過偉大，那麼如何成為偉大呢？因為就算經過偉大都還不見得能夠成為偉大。而讓我感觸最深的就是，越好的公司、越大的公司，越好的組織或團隊，最關鍵的核心竟然不是技術，也不是多好的設備，而是優秀的人才占據最重要的關鍵。

　　想想看，如果你讓公司的HR，也就是人事部門去尋找優秀人才，那麼優秀人才的生死與定奪，就決定在HR與人事部門上面。是的，雖然老闆不見得會去面試每一位基層員工，尤其比較大的公司跟團隊不見得會去面試每一個人，但如果你想要找優秀人才、高階主管或核心團隊，那肯定需要老闆親自出馬。我曾經有一次在輔導杭州一家原木定制公司，發現該

公司的 HR 是一位很有能力的人，但是他非常擔心自己會被更有才能的人所取代，所以對於各個部門所需要的人才，他都私心地找那些能力比他差的，或者是願意對他阿諛奉承的人，能力比較好，甚至是公司非常希望招聘的人才，都會在老闆面試那一關前就被否決掉了。這就是所謂的黨爭，而明君利用黨爭、昏君害怕黨爭。

三國時代的劉備要請孔明出山，不是派關雲長去找孔明，而是他自己親自去，就是因為核心團隊的優秀人才不可能叫下面的人去找就能找到。我在面試跟在做篩選的時候有幾個重要的法則，在我的書《EMBA 不教的複製 CEO》裡面就有提到，找人的時候必須要量大，量大是致富的關鍵，量大也是找人才的關鍵。

人事部門必須持續地找人，其實人事部門所找的人才直接影響著公司的業績、公司的成本，或者是公司的研發。因為一個好的人才所代表的是這個人才過去幾十年來所經歷的經驗，包括成功與失敗的經驗，和所有的人脈資源。所以要持續不斷面試。如果人事部門的工作很多，沒有辦法天天面試的話，建議可以集體面試，也就是把很多人集合在同一個時間，同一個地點來做集體面試。這樣做的優點是讓應聘者感覺到競爭壓力，同時還能展示出公司的氣勢。不知道各位有沒有看過有些航空公司應徵空服員，為了節省時間一次應徵面試的人有數百人，甚至上千人，而面試的面試主考官一次也有五～八名，這樣一來也是一種造勢，讓人才之間有一種相互競爭的感覺。現在網路面試也很發達，我們也可以運用網路大量的面試之後再邀請到公司面試，而公司面試也是定時定點，如此一來不但可以節省時間，還能達到前文所說的效果。

面試的時候不要馬虎，不論是設備、標語、試場環境、或是錄取通

知，所有一切該做的細節還是要做，一場面試找人才，就好像找一個大客戶一樣，因為人才會帶來其背後的經驗、資源、人脈，千萬不要忽略每一場面試。剛才所說的方式總結下來：

> ➤ 大規模持續面試

> ➤ 定時定點，將人邀請到同一個地方來。

要不斷有新血加入公司，才能夠讓公司產生源源不斷的新戰力，產生新鮮感以及一切的創新。

內部訓練的有效模式

不管再小的公司，再小的組織都要有一個培訓部門。我曾經協助很多小公司，慢慢由小變大，甚至變成大集團，或許剛成立時只是幾個人的小公司，後來慢慢發展壯大，我輔導過很多這樣的公司企業，而不管怎麼樣我都會建議，這些小團隊都要有自己的教育培訓部。但有些老闆跟我說他們公司太小了，只有三五個人甚至只是一個小店面，有需要什麼教育培訓部嗎？是不是等公司規模變大了再來考慮？其實這是完全相反的，不是你變成很大的公司才需要，而是你注重了教育訓練，公司才會變大。

但是如果是一個比較小的公司，可以怎麼做呢？首先可以老闆自己就兼任培訓部主管、培訓部的領導及培訓部的員工，這不是開玩笑，為什麼呢？因為我剛剛創業的時候，就只有自己帶的兩、三個人，但我經常帶著這兩、三個人去參加很多課程，並組織讀書會，就是選定一本好書，大家每天早上一起閱讀，分享心得或者是去參加一些課程，如今更方便的是多了線上的課程可以選擇，或者是像現在各位這樣來看書一起分享，這就是

所謂的小公司的前身,也是所謂的大集團的前身。

當你的公司慢慢變茁壯時,就需要一個培訓部門,當你的公司還是一個小公司的時候,可以用剛才我所說的方式,也就是去參加專業機構的活動,參加課程看書、聽線上課,但必須要有指標,最好還是能夠大家聚在一起看,一起學習。而當慢慢變大之後,一開始的幾個人就要擔任起教學相長,還有傳道解惑的責任。

持續不斷的教育訓練,不管是產品訓練,不管是技術培訓或者是銷售技巧,心態訓練等都非常重要。千萬不要小看教育訓練。就如同日本松下電器的老闆松下幸之助所說的,他說他只是做教育訓練兼賣點電器,也就是各行各業,最重要的核心仍然是人,而人最重要的思想,教育改變一個人的思考模式,訓練改變一個人的行為模式。如果你的公司有具體的產品或者是服務,那就要更加強產品教育,但有一種教育是絕對不能沒有的,就是文化的教育。小公司靠老闆,中型企業靠管理,大型公司靠文化,企業文化就是一種感覺,一種氣息,一種精神,一種以什麼為重的價值傳承。

比如這個學校跟那個學校出來的人,氣質就是不一樣,比如這個家庭跟另外一個家庭培養出來的孩子,說話的方式、餐桌禮儀、為人處事都是不一樣的,公司也是一樣的。有人會說,萬一我培養了、投入教育訓練經費,但員工卻留不住,離開了怎麼辦?請記得在你投入與培養的過程當中,大家就有感受。我們不能保證員工永遠不離開,甚至我們不能保證人與人之間都會永遠在一起,但是你不能因此就不付出感情,你不能因為這樣就不在教育訓練上下功夫。有人又會說等我們資金比較充裕了,等我們比較有時間再來做這件事⋯⋯但是,投入一點點,總比沒有好,有做總比

沒做好，你必須要去投入，公司才會變大，你必須要去做，公司才會變得比較有錢。

 ## 不要用一個人100%的力量

有很多的老闆、領導者，甚至超級業務員都會犯一種毛病就是——你們怎麼那麼笨，乾脆我自己來做好了。其實不只是做業務員，很多的老闆、領導者，甚至很多父母也有這樣的毛病，覺得自己做比較好、比較省事，請記得如果自己來做，那麼永遠你就得自己做到累死為止。你可以這樣做：

1. 第一遍應該是你做，他看
2. 再來就是你持續做三次以上，做給他看
3. 接著帶著他做，然後持續帶著他做三次以上
4. 然後就是他做給你看
5. 持續讓他做給你看三次以上
6. 然後就是他做，做完之後，你再來跟他討論
7. 然後持續帶三到十位，以及帶以下三代

要注意持續，為什麼說持續呢？因為學游泳、開車、走路、穿衣服是做一遍就會了嗎？請記得可以用100個人1%的力量，就是不要用一個人100%的力量。如果什麼都是你做，那是永遠無法變大的。

複製的精神與系統的精神是什麼呢？包含領導也是類似這樣的精髓，那就是把藝術變成科學，什麼是藝術呢？就像我們看過鐘乳洞裡面的鐘乳石，它可能是幾千年累積下來的一種奇景與奇觀，是非常珍貴的，就好

像是一副非常珍貴的名畫，一顆非常珍貴的寶石，是難以模仿，那是一種藝術。

而複製系統的精神，就是要把藝術變成科學，科學就是有步驟的。就如同我在「複製CEO」這門課程與書裡面所提到的系統分成——

1. 步驟
2. 流程
3. 公式
4. 方法

步驟就是1、2、3、4、5、6；流程就是什麼先做什麼後做；公式就是用類似的方式就會達到差不多的結果；方法就是要有陸海空商戰的方案，以及還要有備胎的方案。假設你要複製你的銷售團隊與行銷部門的話，有以下幾個很不錯的方法。

- 首先，是將業績最好的第1名所說的話錄下來。以下附上語音轉文字以及翻譯的軟體，方便大家免費下載。
- 錄下來之後把它編排成合情、合理、合法的表達方式與溝通文案。
- 整理出客戶最容易問的十大問題與答案。
- 讓全公司所有的人，包含銷售部門與非銷售部門，因為不管是不是業務部門的人，客戶可不看你是什麼部門，他只想知道他問問題時，是否有人能給他滿意的答案。
- 以上所說的銷售話術及問題回答讓全公司的人都背下來。
- 進行一次考試，有筆試及面試。
- 每三個月重複更新最新的版本。
- 線上、線下同時舉行。

　　請記得，如果你是老闆也是公司最大的業務員，請一定要把藝術變成科學。當你在做每一件事、每個角色的時候，去思考如何把目前所做的事，每個步驟，每個方法，每個流程，每個公式都變成可以複製給其他人的，可能有些人會擔心客戶資源因此流失，但是現在其實有很多很不錯的工具軟體，可以把客戶留在公司，並且你可以切割成很多不同的區塊，讓每個人負責一塊，就不用擔心客戶流失以及被挖走的問題了。

 選對人是根本

我的課堂上有來自各地各行各業的老闆,有臺灣、香港、中國大陸、東南亞或美國、澳洲等各個地方,但不管來自什麼地方,最常問的問題包含:產品研發、提升業績、毛利、品牌、領導力管理、銷售市場拓展等等的問題,所有的問題都會有很多不同的答案,但有一個共同的答案叫做「選對人」!

我常開玩笑說,如果你跟你的另一半結婚二、三十年,你還巴望他的個性能改嗎?江山易改、本性難移,基本上個性是改不了的,你很難去改變一個人。而選對人是最重要的關鍵,要讓家庭更幸福,讓公司賺更多錢,一開始就要選對人。有人跟我開玩笑說,那萬一選錯了怎麼辦,已經不能改了,其實有些人就會去改,所謂的改就是去增加新的人手進來,但這方法不適用於家庭或婚姻,但絕對適用於公司或企業,因為沒有誰是不可取代的。

所以你寧可在選人的時候花多點時間,流程複雜些也沒關係,就夠避免之後的問題。雖然我們經常談科學、談系統,但有一點是你不得不注意的,就是當你感覺這個人你不太想跟他合作,你對他感覺不太舒服,但是他有一些特殊的能力、特殊的才華,令你猶豫要不要用他?請記得,當感覺不對時,這種直覺也是你不錄用這個人的重要的原因,因為強摘的果子不甜,如果你錄用了很有可能後面也會有無法收拾的後果。

選對人可以說是所有事業成功的還是第一保證。選對人比選對產品更重要。有一本書《從A到A+》,也有人翻成《從優秀到卓越》,書中所談的是先找對人上車,再決定車子往哪裡開。在過去的觀念裡,應該是先

決定做什麼產業，然後再去選擇匹配的人，但現在可能是這個人對了，你因為這個人而開展一個新的產業、新的部門，這都是有可能的。所以先選對人，再決定車子往哪裡開，這個車子可能是方向、可能是產品、可能是部門。

而如何決定這個人是對？還是錯的呢？可參考以下有幾個原則：

1. 這個人有特殊的能力，比如有你不會的技術或技巧。

2. 看到這個人未來的十年，所以你要經常練習去感受到這個人未來的十年可能會是什麼樣的人，這是可以練習的一種技能。

3. 大量面試後經過大浪淘沙，讓人數變多，就會找到你要的人。

4. 這個人在某些領域有特殊的成就或者是有特殊的堅持持續能力，比如我要找一名主管，可能會看看他是否有堅持某些事很久了，或者堅持運動或者堅持寫作等等之類的，你可以考驗出這個人的持續力。

5. 這個人是讓你一見傾心，一見鍾情型的。感覺、直覺，是一種無法言語，跟科學來形容的感受。這個人跟你有特殊的緣分，比如是你以前的同學或是你過去曾經共事過，你對他有好感的人。

以上是尋找人才的一些標準化的方法，雖然看人這種事有時候很難標準化，但你還是要盡量把它標準化，因為把藝術變科學，就能夠讓這些人大量複製。

核心圈的水準

企業與企業之間比的是核心圈的水準，所謂的核心圈就是公司剛成

立、剛創辦之時的元老是最重要的關鍵。團隊與團隊之間，公司與公司之間比的也是這幾個人。那麼，核心競爭力水準到底要如何判斷呢？

首先核心圈的專業知識也就是在校所學的與實際從事的背景非常重要，但有時候或許有人是博士，另外一個人可能是只有高中畢業，但高中畢業那個人可能是銷售高手。

第二點叫做團隊之間的互補性。有人負責開門有人負責關門，有人負責衝刺，有人負責守城，互補性是核心關鍵。

第三點叫做信賴感，我本身在美國有一家公司，在中國大陸有幾家公司，很多夥伴都是一起合作超過5年～10年，甚至還有20年以上的。或許中途可能經過幾次的分分合合，大家又在一起。但這樣的人通常也是最能夠知道彼此的，所以信賴感是一個非常重要的因素。

此外，還有一點是我特別強調的，大家都是熱愛學習、喜歡學習的人。有時候我在課堂上開玩笑說愛學習的人不會變壞，因為可以與時俱進，可以持續成長，而不愛學習的人，即便他非常富有，可能也會出現問題。因為一個突發狀況就會把一個不愛學習的人給淹沒了。這裡所說的學習包含看書、上課與持續的成長。

再來就是利益分配了，不患寡而患不均，大部分利益分配的問題都在於覺得好像我做多一點，你做少一點，你拿多一點，我拿少一點，而有時候領導者就是要讓別人占點便宜，但又要堅守自己能夠做主的那個權利，比如你的股份，比如你的主導權。有句話說得好，叫「強者定規則，弱者守規則」，有時候現實又何嘗不是如此呢？因為大部分的人其實是不知道方向，沒有目標，也不知道未來該怎麼辦的，只有少數的人才可以成為領袖。而領袖並不輕鬆，他要負責任、要扛責任，你的團隊要有一位領袖，還要有其他可以共同討論的人。我非常喜歡《康熙王朝》這部電視劇，主角愛新覺羅玄燁經常會問每位大臣的意見，最後自己做決定，為什麼最後還是自己做決定呢？因為他要負責任，為什麼要請教核心的大臣呢？因為他需要各位大臣的建議與智慧。

你的團隊最後做主的還是一位最終的領導者，但做決定前要先請教很多團隊核心的意見。請記得一般人站在山腳下、管理者站在山腰中、領導者站在山頂上。所以道不同不相為謀，跟你的核心圈一起站在山頂上，才能夠做好登高望遠的決策。有些人不行就是不行，千萬不要浪費時間，有些人可以就是可以，當你找到你覺得可以的人就放心合作，你覺得不行的人就算了吧。核心圈決定團隊或公司的發展，每一步走對和走錯都決定著千萬人成功與千萬人頭落地。

比到最後比的是板凳球員

什麼是板凳球員呢？就是公司那些微不足道的崗位，如櫃台、總機、打掃阿姨，他們看起來不重要嗎？錯了他們都非常重要，因為他們是第一

線接觸客戶的人。

　　我曾經輔導過幾家年營收幾十億的公司。有一家令我印象非常深刻，那家老闆告訴我：他們將對員工的重視擺在對客戶之前，因為只有讓員工都熱愛公司，為公司著想，並且認為這是自己的公司，他才會好好服務客戶，所以員工第一、客戶第二、股東第三。看起來這樣的順序好像是把股東利益放在後面，但話又說回來，如果員工把自己當老闆，一樣去認真努力，而客戶就會得到更好的服務，最後股東不就因此而獲利了嗎？所以有時候團隊與團隊、公司與公司之間的較量比的並不是最優秀的人才，而是公司裡那些看起來最不重要的小角色、新進員工或一線崗位，不管是剛剛到公司三天、一個月的人都是如此，有幾家我輔導的大公司會讓員工訓練一個禮拜甚至一個月的時間。所以先別急著讓你的員工馬上上手目前的工作，而是先接受訓練，接受訓練絕對不是浪費時間，是因為功夫下得更深，鐵杵才能磨成繡花針。

Thinking & Action

1.

2.

3.

演說變現系統

04

學習演說是最快賺錢的方法！

要快速提升收入、馬上增加業績、立刻倍增財富，最重要的就是要節省自己的時間，因為時間比金錢還要重要，時間大於金錢。古代秦始皇求取長生不老的藥，康熙希望再活五百年，有錢人想要延年益壽、長生不老，求名醫就是為了要回春，就是為了要延緩死亡，那是因為他們過得很快樂。並且他們認為時間對他們而言是可以用金錢來換取的。而窮人認為金錢比時間更重要，沒錢的人不認為時間比錢重要，他們認為金錢比時間重要。

如何讓自己的財富增加，就是要增加自己的時間，增加自己時間的最重要方法有兩個，一個就是學習公眾演說，另一個就是建立團隊。

建立團隊相對比較困難一點，因為必須要掌握到很多人的人心及人性的行為，而演說只要把自己培養起來就可以了，如果你想要快速增加財富，倍增財富，那麼學習專業的演說絕對是非常重要的。我們從小學、初中、高中、大學、甚至研究所或出國留學，無一不是花了很多的心思、金錢、時間在學習中文、英文、歷史、地理、微積分、物理、化學，但都還不見得學得好，而演說這門技術，對公眾說話表達的技巧如此重要，但我們竟然在學校或是出社會之後，根本沒有什麼時間和精力去學習，或只花

一點點時間去學習，就想要成為專家。或是跟錯誤的人學習，或是學習方式錯誤就想要變會，那是不可能的。

🏆 學習銷售型語言：講有結果的演講

在我教授演講這門課時，學員們曾經問過最多的問題是，他們在台下跟別人一對一溝通都沒什麼問題，但是只要一站到臺上，或是面對很多人，或是拿起麥克風，或是在鏡頭前面、直播時、面對機器、電腦，手機，就會手足無措，雙腳發軟，不知道講什麼了，原本準備好可以講一、兩個小時的內容，十幾分鐘就草草講完，或是一緊張就全忘光了。一臉沮喪地問我：「為什麼跟一個人講沒問題，跟很多人講就變得亂七八糟，詞不達意？」

其實這很正常，因為就像魚可以在水裡游，飛機在天上飛，人在地上跑。獅子到了森林覺得回到自己的地方，魚到了水裡覺得如魚得水，你回到家會覺得很放鬆，就是因為每個人有不同的賽道。而你習慣這個賽道之後你要到另外一個賽道去，那就要有人指導，要不斷練習。試想，如果我

們想要讓自己的肌肉更發達，比如你想要讓自己的手臂更有力，那麼你就要做伏地挺身；你要讓自己的腹部更緊實，可能你要練的是核心力量或仰臥起坐；你要讓你的雙腿肌肉更發達有力，可能你要練跑步、深蹲。

相對地，如果你讓自己非常會說話，而且是面對很多人說話，那麼你要練的就是專業課程所教授的演講技巧及情景式演說。但一般人通常都有一個迷思和盲點，就是覺得只要學習了就要變得非常厲害，英文也好，數學也好……，有多少人是學了二十年的英文還不太會講，憑什麼你開始學演說，你學幾次或者是沒有好好學，或隨便學一學就要變得很厲害，那是不可能的，所以你要鍛鍊你的演說肌肉，而且不鍛鍊的時候還會變胖，也就是會忘詞，但演說還好，學了之後就會有基礎，跟游泳一樣可以慢慢地越練越厲害。

所以學習演說有速成的方法，因為大部分的人都只有二、三十分，所以能在幾天之內幫助你變成七十分，但是如果要變成九十分或一百分，那就要靠日常的累積和很多的方法跟心態的調整。而一般的演講與分享、銷售演講是不一樣的，為什麼有人分享得很好，因為分享就是說一說自己想說的。而有結果性的演講，最後的結果是要達到讓對方按照你所說的去做，所以一切的流程與每一句話、每一個舉例甚至表情都是需要設計的。

比如，你是政治人物，你要讓選民支持你，比如你要讓消費者花錢購買你的產品，有句話說「地球上最遠的距離是人們把鈔票鈔票拿出來，放在你的口袋」，或是你要讓別人加入你的團隊，這些都是演講之後所想要達到的結果，或者是說服他成為你的投資人，或是接受你的告白、和你結婚。而這些當然都不容易，所以要設計講稿，你說的每一句話，你做的動作都是要朝著結果去。例如，你希望對方最後向你買單，購買你的產品，

那麼你在演講時，你的講稿就不是自己想講什麼就講什麼，而是你所講的內容要有布局、舖陳和引導，最終才能達到你要的結果。

並不是要你一直去推銷你的產品，而是要有針對性，假設你希望別人購買你的某一樣商品或服務，這是結果，所以就要仔細推敲一開始要講什麼樣的話，比如你要銷售健康食品，那麼你的主題可能是「沒有健康就沒有一切」，然後你的內容可能是健康的好處或一般人為什麼會生病？如：「不生病的六大方法」「會生病的七大原因」。

也就是做好陳述設計與舖墊，最後得到你所要的結果，所以用99%的時間來舖墊，最後成交就是水到渠成，其實一對一跟一對多都是如此，但一對多更需要的是你的說話邏輯要清楚，你的表達要明確，你不能說不該說的話，但你又不能不說該說的話，因為一對一你可以混過去，一對多大家看著，你說錯一句可能就會出問題，也許就會被人抓到問題和毛病。

其實你也不用太擔心，為什麼呢？因為如果你可以用很輕鬆的方式，類似一對一的方式來演講的話，那或許就可以達到你所要的結果。比如你一對一非常好，在咖啡廳聊天沒問題，能和對方相談甚歡並得到結果，但一站到臺上就沒辦法，會很緊張，那麼你可以放張椅子到臺上去，誰說臺上不能坐椅子，這時你就想像自己是在咖啡廳，想像你在跟人聊天，是不是就會比較放鬆了，所以通常緊張多半是因為無法放鬆，大部分無法放鬆的原因，就是要去做出一些平常不做的事情，比如你刷牙會緊張嗎？穿衣服會緊張嗎？跟你的另一半講話會緊張嗎？如果都不會的話，你就把那個場景搬到臺上，你就不會緊張了，久而久之不但能成為你的特色，而且也不再緊張了，然後就可以發揮你的分享功力把它變成是一個演講，只要你的講稿、演講方式內容都是最好的，那麼你就可以徹底改變。

在演說鏈條裡發揮自己的特色

　　什麼叫做「演說鏈條」呢？「演說鏈條」所說的是你要去模仿別人，但不是叫你完全模仿別人，什麼意思呢？所謂的模仿別人是你要找到你喜歡風格或想學習的人去向他學習，比如從小到大我曾經向好幾位老師學習，他們都是我非常崇拜的對象，我雖然模仿他的風格，但最後仍然要走出自己的路，所以模仿只是要你去學他的感覺，比如你聽一次、兩次、三次、四次、五次或聽了十次他的課、他的演講，你就能掌握到他的風格。我曾經非常崇拜一位優秀的老師，他的演講十分精彩，我聽了不下一百次，當時我是用錄音機錄下來後，一遍一遍的聽，在車上聽、睡覺聽、從早到晚都在播放，刷牙聽、洗衣服、穿衣服，騎摩托車也都在聽。因此我徹徹底底地把他的演講方式和風格學起來，但是要怎麼樣去發揮自己的感覺呢，有時候當你不斷模仿之後，你就會創出一些自己的風格，這就是所謂的演說鏈條裡面找到自己適合的那個點。或者是說你可以透過團隊的互補，例如你講話很幽默，或是你適合開場、適合結尾、適合講專業、適合鼓舞人心、適合解答問題，這些都是演說鏈條裡面的其中一個點，那麼，那些你不熟悉的點怎麼辦呢？

　　那你就去找熟悉的人一起組合，組合起來成為一個團隊，就像合唱團、男團、女團那樣，為什麼會有組合就是因為有差異化，因為每個人喜歡的人不一樣，每個人都可以讓某一種人喜歡，而組合起來那就不一樣了，但請記得組合型的團隊一定要是人捧人高、水漲船高，也就是說不要跟陌生人隨便組合，不然不但無法發揮優點，還可能會互相攻擊，或者是大家各說各的優點，讓聽眾無所適從，最後變成臺上的人不知道在幹嘛，

這也是很可怕的一件事情。

我有好幾位非常優秀的合作夥伴，我們配合了很多年，有人有很優秀的學歷，有人有很棒的口才，有人有很強的開場能力，有人非常專業，這個時候大家互補起來成為一個團隊，那就非常不容易。你可以找到你的互補團隊，並且讓每個人找到自己的鏈條，但請記得一定要互相信任，真實地推崇對方，這個塑造並不是去講假話，而是真實地讓別人知道另外一個人有多好，而聽你說話的人，聽你們說話的人，就會有一種感覺叫做「天哪，怎麼這麼厲害的人可以組合在一起」，效果就達到了，請記得演講的目的，並不是要讓別人覺得你很厲害，而是要達到結果，達到結果才是最重要的。

情景式演說

有三人以上的聽眾，在任何地方都算是演講。我曾出版《情景式演說》的書，為什麼叫情景式演說呢？書中詳細介紹情景式演說跟一般演講的差別。因為大部分的演講都是在舞臺上，有麥克風、音響，有舒適座椅的大禮堂，很多人認為這樣才叫做一個演講，其實能夠在這樣的場合演講的人並不多，我們要做的是如何讓演講達到我們要的結果，而不是幻想中的那個雄偉的禮堂、盛大的舞臺、大大的講台、專業的麥克風、高級的音響，黑壓壓一片的觀眾，對於演說者好像是難以攀越的高山，難以進入的殿堂，想到就害怕，卻也給人興奮的感覺。

有些人或是除了一些特別的活動之外，不見得天天都有這樣的場合。而我們經常有這樣的活動，一年可能會有很多場，但現在很多時候我們也

會通過線上做直播，就算有幾十萬人、幾百萬人都不再像以前那樣線下黑壓壓的一片。若是碰到一些天災人禍或者是類似疫情的情況，沒有辦法聚集這麼多人，那就要改變模式。這些其實都不是最重要的，最重要的是透過情景式演說，達到真正的效果，所以情景式演說所說的是在15分鐘以內，透過一對多的公眾演講，達成銷售、招商、建團隊、建管道、路演、眾籌六大結果，而且要在任何場合，任何時間面對任何人。為什麼設定的時間是15分鐘呢？如果各位有聽過Ted的演講就會發現，在Ted演講中，大部分的時間就是15分鐘，因為這是一個人能夠聚精會神聽課的最大的限度。

更何況若我們的目標是為了要招商，不管是賣產品，不管是建立團隊，或是想達到任何的目的，因為現在講的人太多，場次太多，不管是線上、線下競爭日益激烈。所以不論你是從事什麼行業或任何工作，想要達到什麼結果，都要設計一個15分鐘的版本，也就是在15分鐘之內，要從自我介紹切入主題，達到結果，甚至還要得到滿堂彩，不管是收錢還是收人都是一樣。所以15分鐘版，是每位想要達到演講結果的朋友必須具備的一個標準版本。

還有所謂的一對多，這個「多」所說的並不是幾百、幾千或者是幾萬人，或者是像我經常辦的幾百、幾千，甚至好幾萬人的活動，因為我相信不是每個人都和我一樣在從事這樣的專業。所以我的定義是只要三個人以上，就算是一個公開的演講。如此一來，你就有更多的時間機會可以練習，並且演講的場合絕對不是要像前文所說的正式場地，就算是咖啡廳、工廠、馬路邊、公車站牌、公園草地上、街頭、飯店、餐廳到處都可以算，場次變多、人數變少，但還是比一對一效果更好，而且任何地方都可

以，這樣子才能夠達到更多的練習嘗試，也能夠達到更多的演講次數。

以棒球來講，只有練習的次數夠多才有可能打到全壘打。很多人沒有辦法把演講練好的原因，都是因為沒有場地、沒有時間、沒有物件可以練習，剛才所說的場地、時間、物件，都已經徹底解決，現在就應該動起來，練習起來，開始排一下你這個禮拜要辦多少場演講，記得不是看起來非常高尚的場地，而是可以遍地開花。就像歷史課本說的「地無分南北，人無分老幼，人人皆有守土抗戰之責任」，這個守土抗戰其實在我們現在所說的就是去迎接商場上的戰爭，就是所謂的商戰。而演說就是打商戰最好的武器。以前孫中山先生站在兩個箱子上就可以在街頭發表革命救國的演講。《康熙王朝》裡的愛新覺羅玄燁，對大臣演講力挽狂瀾，成吉思汗激勵團隊的演說令其勢力幾乎打到歐亞非。古今中外任何人主要是革命家、街頭鬥士，都是可以在任何地方、面對任何人演講。絕對不是正經八百的要在演講廳裡的才叫做演講，這就是情景式演說的精髓。

此外，還要有結果。沒有結果就白講了，而結果是什麼呢？在這裡依照商業的用途，我設定的是——銷售也就是賣東西，招商也就是找團隊，建團隊也就是吸引人加入你的團隊，建管道也就是講完之後有團隊的人，有店面的人，有網上粉絲的人會跟你合作，路演所說的，就是你對你的投資人或者是對你的上司，或者是對你的團隊所說的願景、所描述的公司，現在、過去、未來還有自己的介紹或者是產品的介紹，以及眾籌，所說的就是募集資金，所以僅僅是透過演說就可以達到這六個結果。請務必仔細推敲這段話裡面的每一個重點，要有結果、要隨時講，要能面對任何人侃侃而談15分鐘，針對這些原則設計出講稿。

 ## 大綱六個或加上PPT十張

　　不管演講的主題是什麼，無論在任何場合，面對任何人，假設你毫無頭緒、思緒混亂，就需要靠大綱跟PPT來進行邏輯梳理。比如要進行一場15分鐘的線上演講，你要思考的就是三到六個大綱，或者是假設要做一個三天的訓練，或者是團隊的內部培訓，你也可以設六個大綱，為什麼是六個大綱呢？因為如果太多的話，主題會混淆，太少的話則怕不夠周全，但如果是三天的大綱，你設定六個主要大綱之後，還可以設定很多子目錄，也就是六個大綱底下，各有三個～六個行動方案，所以三到六是比較容易整理出來，比較不會混亂的數字。

　　即使你只是要發表一場三分鐘的演講，或者是簡短的致詞，都可以設定三到六個關鍵主題，以避免混亂，不會因內容過多而忘詞，也不會令人覺得太少而不夠豐富。所以三到六個主題是最好、最適當的方法。有些人的演講之所以令人聽了覺得混亂，就是因為偏離主題太多，說著說著就

不知道扯到哪裡去了，所以假設有三到六個主題，就算沒有帶稿子脫稿演出，還是比較容易記得起來，但如果太多，就很可能記不住。尤其若是要做一些集體演講或者是臨時的致詞，都要馬上寫下三到六個主題，只要記住這個萬能公式、黃金法則，就不至於會無話可說，或者是說得太多，並且能夠抓住重點，還能夠得到結果。

而十張PPT是指什麼呢？當然就是拿來做輔助的，因為有些人是聽覺型的，有些人是視覺型的，有些人是嗅覺型的，有些人是觸覺型的。所謂的聽覺型是指這類人比較喜歡用聽的。所以你面對的觀眾、聽眾，甚至是在做線上分享或線上會議的時候，可能都會遇上不同類型的人，而聽覺型的人用聽的，就比較容易有感覺、有共鳴。還有一種人是視覺型，視覺型的人喜歡用看的，PPT就能展現出一個非常好的效果，其實不管是不是視覺型的人，圖像式的畫面，都是最好進入右腦、進入別人潛意識非常有效的方法。

比如提到去某個國家，那麼你就可以放出這個國家的照片，比如你說到自己的童年，就可放一張自己童年的照片，這都有助於加強印象，因為演講者最怕的是一場演講下來之後，聽眾對講者所說的完全沒印象，更別說要達到目的了。而PPT就是用來輔助進入別人的右腦，讓台下的人、聽的人、看的人印象更深刻，當觀眾印象更深刻，更清楚明白你要表達的是什麼，並且知道你的目的是什麼，才有可能達到你所想要的演講結果。

所謂的嗅覺型，就是比如你在賣精油，就必須讓客戶聞到精油，比如你是銷售食品的，那麼就要讓人聞到香味，或者你銷售的是香水，你就要讓消費者聞到或想像得到味道，所以能聽、能看、能聞，不就更加深了觀眾的印象，甚至達到你要的結果。

　　再來就是所謂的觸覺型，與人面對面時，你會跟對方握手，或者是你可以拿產品讓他實際感受一下，例如你是賣冷氣的，就讓他看到現場的冷氣，你想推銷汽車，就讓他實際看看現場的汽車，讓消費者感受一下車子的品質，讓他坐到車子裡去體驗，這就是所謂的觸覺，甚至還可以試駕，如果你讓客戶試駕，你坐在副駕駛位，而後座可能會坐著客戶的家人，是不是就是一場公眾演講了呢？因為超過三個人，而且場地不限，就像我說的這就是情景式演說。讓別人接觸這個場景都是能夠達到目的及結果最好的方法，並用當然是最好的，對各種人都能夠觸及到其內心甚至靈魂，才有可能達到你所要的結果。

 ## 開場

　　一場演講的開場非常重要，不管是線上或是線下，通常當你一開口的幾十秒內，若是無法引起聽眾、觀眾們的興趣，人們就會轉移注意力，尤其是線上的時候，可以說是在前幾秒就決定了聽者接下來要不要繼續聽你說。就算他坐在某個位置上，或者是他站在某個地方，只要一開始不吸引人，通常很快就會轉而做自己的事，甚至走掉，就像你在看電視劇或電影，若是前幾分鐘的內容引不起你的興趣，或是覺得不好看，是不是立刻就換台了。

　　那麼要如何才能讓人想繼續往下看的，電影或電視劇有時候一開始，第一秒鐘就會安排一個非常緊張的搶劫銀行畫面，或是一聲巨響，原來是一個災難片的炸彈爆炸，甚至是火辣的情侶接吻，這些都是吸引人繼續看下去的重要方法。不只是電視電影，演講也是如此，我們稱之為破冰，什

麼叫破冰呢？就是一開始感覺非常冰冷，或者是讓別人感受到一種感動，一種震驚，一種想繼續往下看的衝動，或者是一種疑問都可以。例如，你可以用的開頭可能是一個現在最熱門的事件，像是某某明星被抓到第七次出軌、某某地區嚴重的疫情，導致多少人被隔離……等。請提煉出一句話、最精彩的一句話，在一開始的時候馬上說出，或者是一個動作，比如現在很流行某一種舞步，在一開場的時候你就跳那麼一兩段，然後停下來停頓開始說，除了運動之外，我們的健康食品能夠增加肌肉中的蛋白質、增加血液中的含氧量，如果跟這個舞蹈一起每天運動，就能相得益彰，然後再跳一段，效果是非常不錯的。

或是某一句話。有一個非常著名的領袖演講，一開始的片頭叫做「I have a dream（我有一個夢想）」，中途又提到很多次，I have a dream，最後結尾用I have a dream來做結束，這些都是很不錯的開場。你要精心設計一句slogan，這個開場就如同是剛才所提到的是整段演講的精髓，或是一個重要的體現。可以是一個濃縮或一個驚訝、一個讓別人想繼續看下去的疑問、一個問句。

例如一開始的時候問：「到底什麼樣的公司才是好公司？」「到底什麼樣的公司才會讓人們想工作一輩子？」「到底什麼樣的公司連另一半都不想讓你離開？」「到底什麼樣的公司一放假就想回到公司上班？」「到底什麼樣的公司讓別人天天充滿活力？」「到底什麼樣的公司，讓你感覺到全身充滿了動力？」「到底什麼樣的公司讓你不想去創業，就想一直跟公司共存亡？」

以上這段所談到的就是，可能就是你跟很多的新人說話的一個開頭。巧妙設計你的開頭，最主要的目的是讓別人聽了感覺，而想繼續聽下去，

有所震撼、有所感動、有所驚歎、有所沉思。或者是一段話之後來個停頓，眺望遠方。環顧四周，讓大家安靜下來，也是一種剛才所提到的類似破冰的方法。

我記得有一次在香港，現場大概有 15,000 人，左右兩邊和後面的位子都非常的深、非常的廣，現場有很多投影設備以及很大的音響設備，所以我講一句話必須要稍等一下才能夠再講下一句，否則大家會聽不清楚，當我每說一句話時，我就把眼神從左掃到右，看了一遍，投影上面當然也跳出來了，而我也很清楚感覺到並且照顧到每一位觀眾的感覺，感官狀態深深的積極的交流，這也是一種開頭。

而且一開始時我沒有先說話，先從左掃到右，再從右掃到左，眼神彷彿與每位觀眾進行了深度的交流，然後才開始說話，這也是一種開頭的方式。請每一次都用心選擇你的開場方式，或者用結果來推算你要如何開場，請記得精彩的開頭讓人們想聽下去，有開始就有繼續，有繼續可能就有結果，若是連繼續都無法繼續就有就很難有好的結果。

永恆的演講公式：過去、現在、未來！

有時候免不了要臨時上台演講或者是在某個場合臨時講一段話，可能你沒有任何準備，沒有做過調研、不知道台下的觀眾是誰、無法做事前的安排，也沒有人可以跟你搭配，更沒有什麼舞臺、燈光、音響、麥克風等等效果，你可能是來參加一個婚禮、一場新人訓練、突然得獎的一個場合，又或者是突然有機會面對投資人，你要向他們募集一筆資金，千萬記得這個應急的萬能公式，叫做「回顧你的過去、表明你的現在、展望你的

未來」。然後把你所要的結果置入到這三個情景裡面，並不斷提醒自己這三點，如此一來既不會跑題，又是非常好的方法，從自我介紹、到產品介紹、到找團隊，或只是一個簡單的致詞都行，把這三個重要重點記下來，它是一個萬能的公式，方法簡單，效果卻很好，而且是可以長期使用的方案。

 ## 分清楚喻令與動令的差別

　　「喻」就是「告訴」，「動」就是「行動」。做直播的時候，你會開始倒數計時，告訴聽眾在5分鐘之後要掛上一個連結是今晚最便宜、市面上最低價格，所以待會5分鐘之後，請一定要準備好你的信用卡……，不知道讀者們有沒有注意我所提到的叫做「5分鐘之後」，為什麼這麼說呢？因為你要給對方準備的時間。這是線上，但其實如果是線下當然也是如此，如果你想要讓對方配合你做什麼動作，就算是付錢或者加入你的團隊，或者是成為你的合作夥伴，甚至是一場求婚，你都要給別人一個準備跟思考的時間，所以你要做的就是要預告，三分鐘後、五分鐘後、一小時後、看狀況而定，但一定要講完之後讓別人有個心理準備，最後再補上一句，「當我說到行動的時候，你就馬上採取行動」，這叫做下明確的指令就會得到明確的結果。

　　很多人話沒有說清楚，對方不知道你想幹嘛，你自己更不知道到底在講什麼，導致整場演講就是失敗的，因為你沒有在一開始就去思考最後要讓對方採取什麼行動，然後當對方採取行動之前，你必須很明確地提到，比如「當我說到3 2 1，說到3的時候，就可以開始購買產品，當我說到

2的時候，你就準備把你的手指頭放在螢幕前，當我說到1的時候，你就立即按下購買鍵」，「3 2 1然後加上一句開始行動！」把步驟講得這麼清楚、明白，說不定都還有人會搞不明白，何況你每次都是隨意地說一說然後就叫大家去買單，沒人跟你買你又很難過，其實關鍵在於你連講都沒講清楚，別人要怎麼買，所以喻令跟動令很容易被混淆成一個動作，比如很多人講，想買就要趕快哦！這是不會有什麼效果的，而是要在開賣三分鐘前預告，時間到就準時開始，四分鐘之後準時結束——「好，請大家立刻準備，當我說開始的時候就開始行動……，」就是要做到這麼明確。

想像聽眾是聽不懂的：確認、回覆、互動

　　我會不時地舉辦學員之間的交流會、同學會。有趣的是有些同學上台自我介紹，講完他們的產品或服務之後，希望其他同學能夠認同他們介紹的產品或服務，但是台下的人卻沒什麼反應，上台分享的同學就非常沮喪，紛紛來問我為什麼他們都沒有反應呢？

　　其實原因在於他們根本就不知道你的產品是什麼，也不知道你的服務是什麼，他們可能只搞懂了百分之五、六十，甚至更少，這位同學就忍不住反駁說：「怎麼會，我已經講了……」，對的，你講了，但是台下的觀眾不見得聽懂了，你沒有再三確認他們是否真的了解你的意思。這就是很多很多老闆、很多演說分享者共同的毛病，因為他們對自己所說的東西非常了解，對自己想表達的東西非常明確，就以為聽的人也跟他們一樣清楚，其實大家的認知都不一樣，想法也不一樣，而且有時候有人會走神，會滑手機、會發呆，然後有一段沒聽過，一點一點沒聽到，後面就全部搞

不清楚了，最後就不聽了。

尤其很多人的場合，你在發言致詞時，你很難顧及到每個人是不是真的能夠認真聽，而且大家來自不同的地方，有不同的文化、性別、種族、信仰，甚至有時候是線上的場次，你根本就不知道聽的人到底還在不在，說不定剛才去冰箱拿了一瓶汽水回來，你前面講什麼，他就沒聽到。所以，你要明白每個人的認知都是不同的，對事情的理解看法也是不一樣的。

我在課堂上做過一個活動，就是請大家同時畫出一個畫面，大家拿出一張紙來畫但不能問任何問題，讓大家跟著我的指示：先畫出一頭大象，畫出一棵樹，畫出太陽，畫出河裡有幾條魚，畫出有一個路人在旁邊走路，最後再畫出幾隻鳥在天上飛。結果幾百名同學甚至線上的所有的朋友，大家畫出來的圖完全都不一樣，幾乎不可能有人會畫出一模一樣的，就算照抄都不見得會一樣，何況我只是這樣描述，你聽懂了嗎？

有大象、有樹、有路人、有水、有小鳥，但是在什麼位置呢？多大呢？長什麼樣子呢？完全不清楚，請問在大家不清楚的情況之下，怎麼會想要買你的產品呢？買你的服務呢？他沒有看到、摸到、感覺到，又如何會有比較強的認知呢？更別說他去認同你或者是加入你的團隊，或是把錢投資給你，所以你一定要把聽你說話的人當成是，就像你第一次一樣，第一次了解你的產品、公司、服務，就像你是第一次來到這個世界的嬰兒，是陌生好奇的，就像一個幼稚園小朋友懵懂無知，就像學走路一樣，要反覆學一次、兩次、三次、四次。這時又有人問，講那麼清楚、那麼仔細，會不會讓別人覺得太囉嗦了呢？這就是你要掌握的分寸了，比如你可以用一問一答的方式跟大家確認。

舉個例子，我所投資的公司裡面有一家公司做的是撰寫以及翻譯功能的一個軟體，這個軟體的功能就是當你在說話時，它可以及時幫你記錄下你所說的語音，並立刻轉成文字，精準度還非常高，我在寫很多書的時候，就是透過它完成的，這個軟體在中國大陸叫做「小鹿聲文」，在中國以外的地區，叫做「litok」，也可以在這裡分享給大家使用，完全是免費的，只要在手機的 APP 就能找到（P49 有連結）。但是在我這樣講解的時候，除非我讓大家下載了，使用了，你用了都不見得會完全明白，我還要做說明書、錄製使用影片，就是要讓你看到、聽到、感覺到，這就是為什麼要體驗的原因所在。

因此你必須不斷地跟對方確認，如果是現場線下的活動，你可以請對方舉個手、揮揮手或點個頭回答一下；若是線上的活動，你可以請大家打個 888、666 做個回覆，最好還能夠請大家開視訊，你就可以看到每個人的表情，看看他是否離開，這些都能幫你做確認，因為聽眾可能不懂你的意思，如果你要講六個重點十張 PPT，到最後你要做一個收尾，讓他做某一個動作，當你知道他確定會照你說的那個動作來做，就是因為你在事前做了一些確認，請他回覆，如此一來，才有可能讓大家真的聽懂，只有對方聽懂了，他才有可能做你要他做的事情。

假設問題並解決問題，再確認問題是否解決

這裡我們所說的假設問題，是指當你在演講時，你必須做一些事前的調研，調研什麼呢？調研到底誰會來聽、聽者的年齡、分佈的地區、喜好、家庭背景，他的工作狀況、休閒活動、財務狀況、時間分配……等等

的一切，他的資訊包含性別、各種資料。或許不可能這麼充分充足，但是盡可能多一點，這樣有助於你接下來要舉的案例、說的故事，你所講的每一點是不是能夠符合他所要的。此外，還有一個非常重要的就是你要假設你所面對的族群，不管是線上還是線下，他們可能會提出什麼的問題。

比如在講完之後，希望有人可以加入你的團隊。這是一個徵才招聘的演講，那麼你就必須了解聽你說話的人是誰？如果他們是大四即將畢業的學生，那是不是你以生涯規劃的主題來談學生畢業之後應該如何做好人生規劃，以及你的公司能夠提供給他們什麼樣的未來與收入？還有會有什麼樣的願景，包含過去的經歷及未來的發展。

但是如果你面對的是屬於什麼人都有，或者是你臨時搞不清楚狀況，無法很明確地知道，那麼你就必須要針對不同的人群給予不同的需求。假設會有三種人，比較多的是工作五年以上的人，一種是一般的白領階級，第三種人叫做老闆，那你說話的時候就要兼顧這三種人，列出三個問題，並且要一再確認他們是否明白你的意思，假設你的演講主題是「如何幫中小企業渡過危機」來聽講的如果都是老闆，那你就要知道你的對象已經很明確了，他們可能會有的問題是「碰到天災人禍的時候，心理應該怎麼調適？」他們應該想要知道「如果碰到這個狀況，應該如何通過線上來轉型……」，而你提供的答案是什麼？他們應該還想知道的是如何解決在碰到天災人禍時，如果員工休假該如何去調整薪資？如何做才不違反勞基法，但又能降低公司成本，或者是讓公司的員工在線上做更多與業績相關的事情等等之類的，所以當你條列出這些可能的問題時，你就更能明確你的演講方向。你還可以調查一下有沒有人有這樣的問題，當大部分人都有這樣的問題時，你就可以比較仔細去回答這個問題。如果沒有，你可以臨

時再問大家有沒有什麼最想問的問題，這樣的互動與深入探討，會讓大家知道你所說的是他們想要的，而不只是說自己想說的。

這不代表你不需要準備，你必須要做周全的準備，要有詳細、完整的準備，但是在現場還是需要一些互動，並在知道狀況後做一些臨時的調整，所以為什麼我的演講班叫做情景式演說班，就是因為要依照情況、各種場合、時間、地點來做調整，但如果你沒有把握能夠回答得非常清楚，你可以讓大家發問，你可以針對你設定的問題去做回答，然後如果有人有問題，你可以將問題寫下來，在會後通過各種方式來回答，以防止在現場你因經驗不足而臨時回答不出來。

而我經常在現場讓大家發問問題，回答問題，因為我已經有超過二三十年以上在世界各地、線上線下演講的經驗，所以你要看你的專長是什麼，並且要了解對方到底想要什麼，記得說對方想了解的，並解決他的問題，你才能夠得到你所想要的結果。

 ## 測試成交法

成交就是一步一步引導客戶說 Yes 的過程。這個客戶包含你的團隊，包含你的另一半，包括你的家人。通常下大雨前會下幾滴毛毛雨，會有烏雲、會有天氣預報，這就是所謂的「一步一步」，一些小事件的發生最後會醞釀成大事件，大自然是如此，你在演講的時候也要透過這樣「一步一步」的鋪陳，也就是說當你說話時大家很想聽、有微笑、有點頭、有掌聲，代表大家可能是認同的，那麼你就可以進入到下一步，談到你的產品、公司、或你所想做的事、或者是募資。當大家感覺不好甚至還搖頭、

睡覺，那你就不要勉強了，因為你沒有做測試的話，最後的結果就會非常慘。如果你想要達到銷售的目的，你想要達到招商、招人的目的，你都要做這樣的測試。你可以說：「可能會有興趣的朋友可以揮揮手嗎？可以點個頭嗎？可以微笑一下嗎？」這時候大家反應如果還不錯，你就可以往下一步去做測試。再舉個例子，我想大家都有追女孩子的經驗或者是跟男孩子在一起的經驗，假設對方約你去看電影，你說你沒空，其實你可能不是真的沒空，而是你不想跟他看電影。所以當你在邀約時，你必須要提到有一部好電影，好像不錯，你聽過嗎？有沒有看過呢？下次有空一起去好嗎？如果這三個答案都是，No！No！No！那你就不要再問：「我們一起去好不好？」因為最後得到的結果一定是不要，如果你測試結果是，還可以呀，還不錯啊，也好啊，你看他的表情、動作、眼神，如果是好像想去的樣子，那你就會進一步說：「好的，那我們要不就約這禮拜或下禮拜去看電影！」

當你和客戶溝通時，在臺上說話時，也要這樣做。你做的任何測試就是在為接下來的結果做鋪陳，不要說出會讓自己尷尬的話，不要說出會讓自己無法下臺的決定，不要講出會讓對方拒絕你的話，請記得你的每一個舉動、眼神、動作、表情、肢體、文字、語言，不是引導客戶一步一步說Yes，就是引導客戶一步一步說No！你的每個動作，不是離成功越來越近，就是離成功越來越遠，因為詞彙具備偉大的力量，文字也具備偉大的力量，小心說你的每一句話。不要讓對方把你扣分，你說的每一句話、每個字，不是不斷地讓對方幫你加分，就是不斷地讓對方扣你分，累積到滿分時就過關了，對方肯定決定買了，或是加入你的團隊、跟你在一起。扣到60分以下，就什麼都沒有了，如果扣到0分，那就沒有下次見面的機

會，你就會變成別人的黑名單。

我把這樣的方式稱之為「催眠測試法」。為什麼叫「催眠測試」呢？因為在我二十幾歲創業的時候，曾經去美國學過催眠，並且深入研究，聽起來好像催眠就是一種很奇怪的魔術，是讓別人睡覺，但其實並不是。催眠是什麼呢？催眠就是讓別人可以快速接受你的指令，比如你跟他求婚，他說好，就是接受你的指令，後來你們又不在一起了，就是他不再接受你的指令，對你的另一半、朋友、家人，客戶都是如此，他加入你的公司覺得你的團隊很好，就是接受你的催眠，他離開了就是他拒絕你的催眠的。所以這就叫「催眠測試」，也是一步一步去做確認，最後才能夠促成大的Yes。

我曾經做過一個實驗，就是讓所有的學員閉起雙眼，然後用言語引導他的左手不斷地舉高，把右手不斷的往下垂，然後我讓他想像左手有個大氣球，將他的身體往上拉，右手持續被大石頭拉著往下沉，左手不斷往上拉，右手不斷往下沉，一段時間之後我讓學員們把眼睛張開，就看到有的人竟然手高到人都站到椅子上去了，而有的人竟然沒有任何的反應。此時我才知道原來哪些人是比較容易快速接受催眠、接受指令的人，這就是一種催眠測試。

在現實中我們可能不能叫別人這麼做，但是類似同樣的道理，用語言文字及動作和感覺來做確認，最終就會得到你所要的結果，我不知道你有沒有跟你的女朋友、男朋友、另一半一起牽手到最後結婚的經驗，如果有的話你還記得你們第一次牽手是不是在過馬路的時候不小心一個人碰了另外一個人，對方沒拒絕，另外一個人碰的更多，另外一個人再碰更多，然後就把手牽在一起，這就是一種確認。如果你不小心碰到對方手的時候，

他反而把手拿開或把手彎起來，甚至站得更遠，那你就不要再試圖去牽手了，不然你會被無情拒絕，這就是所謂的測試、測試、再測試，才能夠去行動，如此一來就不會被人拒絕。用在生活上、工作上、成交上、演說上、跟別人溝通的技巧上，都是如此。

往好的方面想，做最壞的打算

往好的方面想，做最壞的打算，就是一邊光明、一邊黑暗；一邊成功、一邊失敗；一邊有成就、一邊沒有未來；一邊非常好、一邊很不好。什麼意思呢？銷售與演說經常是同一件事，只是演說是一對多，面對很多人，銷售是一對一，面對的人比較少。而在演說的時候，你必須要讓聽眾持續感覺到若是照你的方式做，能得到多少的好處？如果不照你的方式做，他會有多大的壞處。

那些電視的廣告詞、電影的宣傳、演講也都是這樣子，政治人物的演說目的就是要選票，廣告的目的就是要消費者購買，很多公司的演講是為了招人加入團隊。所以你就要羅列出如果加入你的團隊，購買你的產品，把票投給你，對他有什麼樣的好處？1 2 3 4 5 6 7 8 9 10，如果他不這麼做會有什麼壞處？1 2 3 4 5 6 7 8 9 10，過去因為他沒這麼做，所以產生什麼結果？損失了有多少？未來如果這麼做第一年會有多少的好處？第二年會有多少好處？第三年會有多少好處？就像投籃一樣，若是不小心把籃球投到對方的籃框裡，就會來回損失4分。所以，不斷在對方的傷口上撒鹽，最後給他解藥。同時要注意不能引起對方反感，要能夠塑造價值，因此要盡心設計，但我非常不建議大家用逐字稿，也就是拿出稿子一

個字一個字唸，你可以寫一下大綱，但是當你要正式講的時候，就不要看稿子了，除非你是線上，對方看不到你照稿唸，你可以看一下，不然如果是在現場，在臺上拿著稿子一個字一個字唸，是很沒有說服力，給人的感覺也很不好。

你可以設一些大綱作為提示，在大綱後面寫下一個故事的關鍵字，寫下一個舉例的關鍵字，但你必須持續練習、練習、練習再練習，透過反覆地練習，你就可以非常清楚明確地知道你要怎麼去舉例，讓對方知道不加入你的團隊，不購買你的產品，將面臨多大損失，這就是最壞的打算，這就是往壞的方面去想，但如果選擇跟你合作或購買你的產品會有多大的好處，一年、兩年、三年、五年、十年會得到多大的利益，會有多棒的感覺，兩者之間就會有非常明顯的差距，最好你再拿出紙筆畫出來給他看，最好還有PPT演示出具體的數字，就會讓對方非常明確知道必須採取行動了。請記得任何的演講，最後都是要讓對方採取行動的，這個行動或許是鼓掌，或許是加入你的團隊，或者是購買你的產品，或者是把錢投資給你，如果沒能讓對方採取行動你就白講了，請記得繽紛燦爛的過程比不上實際的結果，你說對嗎？

要顧慮到每一種人

提高收入有兩個非常快的方法，不但快而且還能增加很多的收入，那就是——公眾演說和建立團隊，而兩種方法中，比較容易實現的是公眾演說，因為建立團隊，你還要花心思去了解團隊成員的想法，需要時間，而且有些還掌握在別人的手上。而學會公眾演說，是自身的功夫，是一種

比較能快速增加業績或財富、倍增收入、出人頭地的方法，為什麼呢？因為這兩個方法都可以大量節省時間，而時間不是等於金錢，時間是大於金錢。那為什麼這兩種方法都能夠大量減少時間呢？就是因為它可以成為一個很大的漏斗，也就是說可以找到你要的人以及找到你要的客戶，而公眾演說是一個很大的漏斗，所以如何讓漏斗過濾出更好的，與你同頻的、有一樣價值觀的人，或者是更有意向購買你產品的人呢，在這個時候你的演講內容就必須顧及到每一種人，因為每一種人都被顧及到了，相對的量就變大了，當量變大了，就能找到更多和你同頻的客戶了。

要如何透過演講吸引更多的客戶和目標客群呢？首先要去了解人們到底想要什麼？認識人、了解人，你將無所不能，但是每個人有不同的個性，俗話說「一樣米養百樣人」，依照星座的分類就有12個星座、依照男女性別、依照種族、學校……會有各種不同的分類方式，所以你要顧及到每一種不同的人。例如有一種按照顏色的分類法，把人分成四種顏色，第一種叫做紅色的人，什麼叫紅色的人呢？就是比較有欲望、有企圖心，喜歡賺錢，愛表現，熱衷追求成功，你跟這樣的人說話或者當台下有很多這樣的人，你的聽眾有很多這樣的人，那麼你的演講內容就必須提到快速致富，如何才能賺大錢，如何取得較大的成功？如何創辦上市公司，如何脫穎而出？如何將事業做大，月入百萬成為億萬富翁。

假設聽眾有很多是屬於黃顏色的人——比較有使命感的，像是去宗教團體或學校演講，或者是你感覺來聽你演講的、或聽你說話的人，是屬於比較有使命感的，他們想要追求的可能是一種幫助別人、傳播愛心、傳播健康理念……等，那麼你就要多談這方面的話題。

第三種是綠色分類的人，這類型的人比較著重分析邏輯，尤其是你去

一些醫生的工會、律師的工會，你就要拿出更多的證據及資料，不能只是空口說白話，畫出很大的願景，你還要提出具體的數字，服用過你的產品有多少？多少人有用過你的某種消毒器具，能夠消除細菌中的百分之多少的病菌等等。有些人想要的是資料證據，或跟你一起合作，你的客戶有什麼樣具體的好處？最好是有過往資料的分析及未來資料的分析。

第四種是藍色分類的人，這類人比較喜歡氣氛、重視感覺，比較喜歡跑車、旅遊，比較感性、看重個人感受，而不是重視金錢、成功。如果你的團隊裡有屬於這樣的人，他們想聽到的是達到什麼目標、可以穿漂亮的禮服去遊輪上玩幾天，他們更想聽到這樣的內容。

了解你的聽眾不管是線上的還是線下，如果他們是屬於哪種人比較多，你就要多用他們會喜歡的例子及故事來切入。所以你要學會如何針對這四種人，說四種不同的話。比如你希望賣某一種產品，你對紅色的人可以說：用了這個產品會讓你身強體壯有辦法做更多的工作，事業更成功。但同樣的產品，如果你面對的是黃色的人，你的說法可能是如果你不幫助別人獲得更健康，你如何完成你的使命呢？而針對藍色的人可能你要跟他們說，用了你的產品可以讓他上山下海玩三天三夜都不怕累，若是針對綠色的人，那麼你就要跟他說，有多少資料支撐著這個產品有多好……你要盡可能地去滿足這四種人，說動他們，那麼你的漏斗的口就會變得更大，於是就可以吸引更多精準客戶，吸引你要的人才來加入，吸引你要的客戶來跟你購買產品，吸引你與你同理念同頻的人，這就是所謂的不同的分類方式，吸引不同的人。

記得讓漏斗的口變大，讓它變大吸引到你要的人，這樣子就不會被拒絕，因為來的人都是與你是同頻的，不管是客戶還是團隊，或者是你要尋

找的資金跟資方都是如此。

讓少部分人認同，更要關心大多數人

就是說要顧及又不需要顧及每個人，怎麼說呢？要面面俱到，但是又不需要在意每個人，就是要關心每個人的感受。比如你辦了一場招商會，有100個人來聽，但是有10個人很認同，不管是跟你買產品，或者是加入你的團隊，甚至投資了你，但你還是要注意到那90%的人，因為那90%的人，他可能會向別人說一些負面的話，尤其在這個自媒體時代，人人都能在網路上發表自己的言論，你必須顧及那些不買的人，他們或許不是不喜歡你，可能是需要考慮，或是對你的某個觀點不認同，但你仍然要感謝他們，所以你必須面面俱到，你要感謝今天來聽的每一個人，感謝線上的每一個人，雖然沒辦法成為合作夥伴或者是成為產品的使用者，但是非常感謝大家把寶貴的時間給了我們，真誠地希望日後有機會再合作。

除了要顧及到每一個有可能同意你的方案的人，但是要特別照顧到已經成為你的產品使用者或者是加入你的人或你的投資方，你要讓他們知道他們是最特別的，讓他們受到你的特別感謝，所以你兩邊都要顧到，但是又不能忽略不認同你的人，還要顧及到他們的感受。還要讓已經認同你的人感覺特別的好，有受到你的特殊對待。或者有時候你可以用另外一個方法，比如線上下的時候，你可以邀請已經成為你的客戶或者是合作夥伴的人，再單獨設個VIP房，表達對他們的感謝，如此一來，既顧及到大多數的人，又能夠優待那些支持你的少數人，不管線上線下都可以採取這樣的方法。

說故事與舉例是關鍵

西方的《伊索寓言》和東方的《莊子》，都談到了說故事的重要性，尤其是很多公司都必須要對投資人，對股民暢談未來願景，此時說故事的能力就顯得特別重要。包括我自己也曾經對很多的投資人進行演講。

所以學會公眾演說，小到賣一個產品出去、或邀請別人加入你的團隊、或是找到投資人，甚至對一個上市公司的股價估值都會有非常大的幫助。在投資界裡，天使輪的融資所說的就是故事，對於天使輪的人而言，你的投資報告不見得要顯示你賺了多少錢，或許你根本就沒有賺錢，或者是你目前還在虧錢，但是你還是有可能獲得投資人的親睞與投資，關鍵就在於你說故事的能力，要能讓人感動，聽了還願意投資。而說故事的能力非常重要的，除了你有真正好的理念與產品服務跟未來前景之外，還要靠說話技巧求助攻，這個技巧並不是弄虛做假，也不是胡說八道，而是要真誠地表達，就像你在描述一個故事，重要的是一定要有畫面感，要談到細節。

很多人在說話、演講的時候，沒有把話講清楚，聽的人都沒聽明白，更別說談細節了，例如，我很常分享我去美國跳傘的故事，在我跳傘的當下，我發現原來想像的恐懼比實際的恐懼來得更巨大。最害怕的並不是在跳傘之後，而是在等待跳的那段時間。在我抵達美國大峽谷，下車走在黃沙與泥土的路上時，我的恐懼開始不斷冒出，因為我等一下就要從13000英尺的高空跳下去了。我一步一步地往前走，走到了一個房間，我們十幾個人有說有笑地找個位置坐下來，那是個跳傘準備室，走進去右邊的陳列架上放了很多照片，還有很多的跳傘裝備，一位笑瞇瞇的教練跟

我們說Good morning。那天是一個陽光燦爛的早晨，大家選定位置坐下來圍成一個圓圈，教練開始跟我們說，待會你們要先簽一張單子，然後會教大家準備作業，接著會發給每一個人一套衣服，還有防風眼鏡，因為跳下去的時候那個風沙以及速度很快，眼睛沒辦法承受。並且跟大家提到跳傘的危險率是很低的，除非自己有什麼疾病，所以如果有任何的疾病要確實寫出來，每個人發了一份將近十張的紙，然後大家看完之後簽下了這個叫做生死狀的死亡同意書，因為若是因為跳傘出現任何問題，保險是不理賠的。所以當我們簽好後，大家礙於面子都表現得非常開心，因為我是帶一群學員來跳傘，他們都是老闆，還有好幾位身價好幾億，有的公司準備要上市了，大家盡量表現得落落大方，臉上掛滿了微笑，互相的鼓掌。教練開始做示範，確保我們每個人都非常清楚之後，為每人分配一位陪跳教練，因為教練會協助帶著我們往下跳，我們只要配合就好了，我被分配到一位澳大利亞的教練，他一年聽說要跳幾百次，我是最後一個走進飛機的人，因為我讓學員們先進去，我最後一位上去。在飛機門口，大家還顯得非常輕鬆，但在升空的時候，伴隨著螺旋槳的聲音噠噠噠噠噠，大家變得默默不語，為什麼呢？因為準備要跳傘之前是最恐怖的，而不是跳傘之後，當現場一片沉默時，我們的心情開始緊張起來了，過沒多久一萬三千英尺到了，教練問Are you ready？當我還沒回答Yes的時候，就已經跳下去了，完成了我生命中的第一次跳傘。

我是這樣述說了我的跳傘體驗，是不是很有畫面、有感覺？就是要描述每個細節，但是在描述細節時，要時不時地切入主題，談到你所要談的重點，這樣的故事跟舉例是生動的，不管你要賣什麼產品，要招商、要建團隊、要募資，說故事的能力都是極其重要。還有人說成功的律師都是

很會說故事的人，會在法庭裡將故事說得非常生動。劉德華主演的《法內情》為他的被告也就是他的母親，講了個感人並且具體的故事，得到了香港陪審團的認同，雖然這是一部電影，但也深刻讓我們體會到會說故事的人和不會說故事的人有了極大的差別。

 ## 引導式問句

不管是不是引導都在引導，因為你說的每句話不是讓聽的人不斷去幫你加分，就是不斷在幫你扣分。比如你做的每個動作可能都會成為一種暗示。就算你不是故意要暗示，也會成為一種暗示。比如有些人對聽眾說話時會提到我好緊張，我不知道該說什麼，我不太會說話，我說錯了，你們可以不用按我這樣講的做，我說的不見得對！

　　這些都是一種負面式的暗示，因為你所說的每一句話，每個詞彙都具備偉大的力量，而所謂的引導式問句就是你說的每一句話，若是都能讓對方想點頭、會微笑，甚至想說 Yes，或者是非常認同，那麼最後就會達成你所要的結果，比如你要他購買你的產品或接受你的服務或理念，但是相反的，如果你所做的每個動作，說的每個字都是引導他說 No，那麼最後就是一個很大的 No，他會拒絕你。所以你說的每一個字、每一句話不是離你要的結果越來越近，就是離結果越來越遠。尤其是當你面對更多人的時候，你的每一個動作、每句話所牽動的可能就不是只有一個人，而是非常多人，彼此之間還會互相影響，不管是線上還是線下都是如此。

　　你必須留心做到滴水不漏，也就是你所說的每個字都不要產生漏洞，一有漏洞就會讓飽滿的氣球炸開來。你要練習你所講的詞彙，你所說的話是屬於正面的引導還是負面的引導，是屬於正向的牽動還是互相的牽動。這些都會導致結果到底是好還是不好？記得用結果來推算你所要講的每一句話、每個字。

　　在課堂上我們曾經和學員玩過一個遊戲，叫撲克牌的遊戲，比如 A 學生拿出一張黑桃 1 要給 B 學生猜，A 學生就要問 B 學生，你喜歡神秘高級的黑色還是喜歡血腥噁心可怕的紅色。這就是一個引導性的問句，B 學生就會說要黑色，A 學生又問 B 學生說你喜歡 1 ～ 6 這樣子名列前茅的數字，還是喜歡 7 到 12 感覺好像落後的數字，B 學生就說喜歡前面的數字。所以這些問句都叫做引導式問句，會引導 B 學生答出 A 學生要他答的答案。但是反過來，我們要 B 學生回答的是另外一個答案，比如一模一樣的問題，一模一樣的黑桃 A 把它換成紅心 A，那要問的方式就改成了：你喜歡熱情如火的紅色還是喜歡可怕恐怖的黑色？這時候 B 學生就會回答紅

色了。

　　以上的練習就是一種引導性的問句，讀者們可以自行做這樣的練習，就會明白你所說的每一句話、每個字以及你過去所說的話，為什麼會得到對方這樣的答案跟結果，其實都是你引導出來的。

 ## 組建演講團隊

　　所謂的組建演講團隊就是，眾人拾柴火焰高，團結就是力量，就是透過各種人才的組合，讓你的演講更精彩，比如一個籃球隊需要有前鋒、後衛，需要有人傳球，有人射籃，需要有人阻擋，跟一支棒球隊需要投手和捕手的道理一樣，一個演講的團隊，如何讓別人覺得精彩，或者是達到你的結果或目標，需要有一位主持人、要有音控、要有播放 PPT 的電腦。更進一步還包含讓客戶購買的流程，而團隊人員甚至在講的時候，還要穿插客戶見證，還要有能與你互補的老師，形成一個演講團隊，就像組成一個籃球隊一樣，為什麼很多人單槍匹馬卻沒有辦法達到很好的效果，或者不是在自己的主場就無法達成很好的效果，主要就是因為團隊互補的效應消失了。開公司是如此，演講也是如此，你要把一場演講當成是一個事件或公司在經營，必須要安排各種不同的人共同組合，而不是只有一個人。

　　一個人沒有辦法達到互補效應，而且打籃球的人千萬不要以為投進籃框的人是球賽的大功臣，每一個傳球，每一個阻擋的人，都是讓這個籃球比賽致勝的原因，演講也是一樣的道理。所以越完整的組合能夠達到借力使力不費力、互相互補，效果更好。建議可以先列出所有的崗位，包含音控、主持、各種組合、收尾以及服務的助理等等。按照活動大小、方式，

及要達成的結果，就要搭配不同的人，一定是團隊作戰，因為講師的成功絕對是團隊作戰的成功。

找模仿對象、發揮自己風格

你至少要有一位想學習的對象，比如你是一名女性，你可以找音調、聲音甚至穿著感覺你都想向她學習的人，而這個人可以是你的領導、是你團隊中的某一個人，也可以是明星，當然也可以是歷史上的名人。在我的生命當中，在我演講學習過程當中，就曾經學習過好幾位，有些是電視上的明星，像我學習《康熙王朝》裡面的康熙、學習成吉思汗，還有一位讓我非常敬重的老闆，以前在我年輕時曾經帶領過我，我瘋狂地學習他的演講方式，從早到晚，連吃飯洗澡都聽著他的演講錄音，把他的動作、講話的語氣、說話的邏輯，徹底地刻在我的腦海中。所以你也要有一個這樣的模仿學習物件。此外模仿只是初步，創新才是永恆。模仿之後，還是要慢慢走出一條自己的路，比如你的路是屬於幽默詼諧或者是專業路線，但不管如何，還是要遵守我們演講變現系統裡所提到的所有方法。

自然的說話方式

經常有人跟我說他上臺會緊張怎麼辦？其實為什麼會緊張呢？就是因為太過緊繃，就是像考會考、學測、指考的時候，你平時在校，大小考都考得非常好，但因為緊張就發揮失常，考得不好。因此放鬆就非常重要，放鬆就能夠讓自己表現得比平常更好。不知道各位是否有過這樣的經驗，

就是偶爾有幾場演講竟然比平常準備的發揮得更好，就是因為你徹底放鬆，就像你去游泳一樣，如果你非常緊張，事前就要加強做暖身運動，演講也是如此，所以你能做的是：在事前自我激勵一番，如聽音樂、運動、和某些人說話讓他激勵你、或是去上某一門課，或閱讀這本書，有學生就曾跟我說，他在做任何決策之前都會想像，如果他是我，他會怎麼做決策。還有人跟我說他在演講之前都會想像自己被老師附身了……，想著老師會怎麼做，其實這些都是一些很好的方法。而正要上台演講的等待時間你可以怎麼做呢？比如你可以選擇最能夠讓你放鬆的方式，像以前我總是站在演講，有時會走到台下來和學員互動，有時會在臺上搬一個椅子坐下來，這些都是可以的，沒有人規定一定要怎麼樣，有人說那線上的時候我緊張怎麼辦？可以看大綱提詞，反正你的目的就是要在任何地方說話的時候，都讓人感覺非常放鬆，沒有人喜歡聽一些咬文嚼字或很八股的話，聽著、聽著都想睡覺了，所以互動也非常重要，讓自己不斷和台下的人有互動，選擇自己喜歡的方式，這些都能夠讓你在台上有超水準的發揮。

誠懇、真心是最好的武器

說了這麼多重要的技巧，最後回到演講的關鍵主軸，我還是要重申誠懇跟真實是最好的方法，Honest is the best policy，所以真誠其實就是最好。只是我們又附加上更多的技巧、與良好的語氣、態度，來詮釋真感情，才能夠更吸引人。我二十歲那時，曾經參加過一位日本導師舉辦的講師訓練，令人印象深刻，一名日本人腰桿挺直，眼神非常犀利，拿了一把木劍，他告訴我們講師最重要的就是心態，就是人品，就是要把好的傳遞

給大家，當上講師之後你就是專業的演講者，將影響很多人，這時候你有很大的社會責任使命，並且你的信念很重要，你的態度更是關鍵，因此如果只是耍嘴皮子表現、只有華麗的言辭，卻沒有真心，或者你所賣的產品、做的行業、你所做的事，如果是有問題的，很容易就會被別人看穿、識破，就算你裝得再正經，裝得再好，也會讓別人認為你是不可信任的。當你能通過演講來達成很多的目的與結果，其實就是一種責任感，這是一種使命感。

通常在課程結束後，我會告訴我的學生說，我教你們的是一種很厲害的本事，你會影響和改變很多人，所以要存正心、做正事、做善事，這也是能夠把演講講得好的一種正確使命。就像有一些去搶銀行的團夥，最後終究會瓦解，會被警察抓走，原因就是他們所做之事，雖然技巧高超、武器再先進，但最後還是會被捕落網，並不是因為員警力量多強大，而是因為他們所做之事本身就是有問題的，避免不了最後互相殘殺，導致分崩離析的命運。因為演講所發揮出來的效果和影響實在太厲害了，所以我必須要不斷地提醒你：做對的事很重要。

調整情緒

我是從銷售員做起，一步步累積到帶銷售團隊，也經常需要對銷售團隊進行演講，所以我一邊學、一邊做、一邊教，不管你想要達成什麼目標，想要學會任何本事，其實「學、做、教」這三個迴圈絕對是非常重要的。你一定要邊學、邊做、你還要邊教，因為學是為了你的團隊而學，做是為了想要更好的實踐，而你想成為什麼專家，你就要去教什麼。請記

住，當你不斷地演講、不斷地講，你就會成為專家，如果你想成為這個領域的專家，你就要不斷去教。因為我年輕時很早就開始不斷去教，也邊學，自然也遇到很多很有趣的事情，比如，那時候我有個女性朋友，喜歡跟我吵架，因為兩小無猜，而且當時沒什麼錢，生活壓力又很大，常常在我要上台演講前跟我吵。後來我就跟她說：「我等一下就要上台了，需要培養情緒，你可以不要跟我吵嗎？」於是她就改成在我下台後再跟我吵，我就問她為什麼這麼喜歡跟我吵呢？她說：「我聽你的沒有在你上台前跟你吵，那你現在演講完了，可以吵了吧。」雖然這是一則笑話，但是的確當你將要進行一場演說時，或者是你要去做一件重要的事的時候，情緒非常的重要，情緒不好，情緒失控，情緒有問題，情緒低落，過於怕或過於低落都可能影響發揮。太過 high，可能會詞不達意，太過於低落，可能你會沒有心情，大腦一片空白，所以在演講之前你必須要想辦法穩定自己的情緒，調整到最佳的狀態。

　　如何到最佳狀態呢？其實我十分推薦運動、聽音樂、泡澡、閱讀，播放一些很棒的演講視頻或音頻，或者是閱讀這本書，這本書有神奇的功能，因為運動會讓你的大腦更放鬆，因為音樂會讓你進入更多的潛意識的連結，因為去聽或看你喜歡的能夠激勵你的演講，或者是看這本書都能夠讓你狀態迅速到達比較巔峰的情況。而泡澡也是不錯的選擇，滴幾滴精油讓自己放鬆，這些方法都是在你要做一場演講之前非常好用的方式，雖然演講幾十年、教學幾十年，有時候當我碰到比較需要特殊情緒或者是自己感覺有點緊張時，我就會趕快用這些方法，藉由這些外力來讓自己的情緒調整到比較好的狀態。

在線上演講也要盡可能把線下模式搬上去

在這個網路發達的時代，我們經常會在線上做直播，或開線上會議，這都是一種演講，不一定要面對面才算，如果你面對的是線上的演講，就盡可能地把線下所能夠做到的事，搬到線上的場景來。例如我經常跟在世界各地分公司的同仁開線上會議，有些是對陌生人演講，有些是與自家公司的團隊開會，因為我投資各種不同的產業，所以開會的方式和內容也不一樣，但是我都會盡量要求每個人都要視訊露臉，而不是只有聽到聲音，因為線上開會效果已經打了折，若是沒有露臉，沒有看到對方，很有可能對方是在吃東西，與人滑手機聊天、或打個瞌睡，根本就沒有專心在會議上。

盡可能地把線下能夠做的事盡量搬到線上來，比如做一些互動，像發問一些問題、讓大家開視訊，讓大家說說話或問一些問題，讓大家打個888，類似這樣的事都能夠把線下的場景，盡可能地搬到線上來。不管是會議或者是遠距離、跨地區、跨國，你都能夠通過學會演講，讓線上會議或是直播達到比較好的效果，所以千萬不要小看你面對一台手機或者是面對一台電腦，有時候你的穿著、你的背景、你所設定的場景都要跟線下一樣，就是要這樣自我要求，這樣嚴格地要求他人，千萬不要不好意思要求，不要不敢說，因為效果跟結果是最重要的，你說對嗎？

開講前的佈局是關鍵

我非常崇拜成吉思汗能夠成為中國歷代以來國家版圖最大的君王，而

他有一個非常重要的技巧就是，每次打仗前他都會進行非常厲害的演示，會用自己的軍力跟對方的兵力演示不同的佈局，按照地形環境來做不同的推演。當然我也非常崇拜孔明先生，每次都能夠有不同的佈局方式，不同的事前準備，還必須搭配各種環境天氣、達到的結果、目的、雙方的軍力兵器，這些都能做我們演講時的參考，你要演講的對象是誰？什麼狀況，哪些區域？要達到什麼目的？什麼樣的人？天然環境如何？人為因素怎麼樣？可能會有的問題？必須提早做PPT，還有要準備的大綱，不管你是1000次，還是100次，還是1萬次的演講，每次都要像是第一次，就像我寫的每本書、每場演講，不管是線上還是線下，都會重新準備，因為不可能有一模一樣的情況，雖然有些大綱是差不多的，但是舉的例子、故事、核心內容都是千變萬化，必須經過反覆不斷地調整、準備、事前安排、佈局，你的功力就會越來越強，你才會成為一名真正優秀的演講者。

了解聽眾為何而來

　　沒有準備就是在準備失敗，沒有計畫就在計畫失敗，事前簡單事後就麻煩，事前麻煩事後就簡單，這些都是我常掛在嘴邊的經典名言，這句話用在演講上格外顯得特別重要。一定要去了解台下的人是為什麼而來，有些人在邀約人時，是對他的朋友說是要為他介紹女朋友，其實這是一場很不錯演講或是招商，卻是因為邀約的理由有問題，導致被邀約來的人不但不高興，還覺得自己受騙了，為什麼會這樣子呢？大部分都是因為邀約者害怕，那他們害怕什麼呢？他們害怕把目的講清楚，比如這是一個招商會，說白了就不來了，但請記得你所做的工作佔成功的80%，也就是約

人來的人是有期待的，如果沒有符合他的期待，效果就會大打折扣。

　　所以，你要知道。這些人是被用什麼樣的方式約來的，絕對不要去騙人來。要把重點講清楚，這裡所謂的重點講清楚並不是要你講得鉅細靡遺。就像是你會去看一部電影，是被電影的簡介所吸引，它把最精彩的部分寫出來的，但是又不是一字一句交待得很清楚，這就是技巧所在，因為一知半解只會產生誤解，但是完全不了解或者是錯誤的誤解，就會讓這場演講，不管演講者口才再怎麼厲害，都會讓這個演講被大大扣分，導致聽的人連聽都不想聽，又如何能達到你要的結果和目的呢？

　　事先了解邀約者是如何把人約來，確認並且引導，可能事先提醒邀約人要如何把人邀請到你所要讓他參加的場合，這是非常重要的，也就是所謂的邀約理由要和所聽的期許達到一致匹配，如此才會有最好的效果。一場演講的成功絕對不是只有講者一個人，包含事前、事中、事後，包含邀約理由、包含團隊的組合，所以任何一件事的成功都不是單一的因素，而是包含了整體綜合的因素。

練習各種版本、不同時長的演講

　　你必須要練習各種版本，準備不同時長的演講講稿，就算是主題一樣也要，尤其是你有招商或是銷售的需求，或是有募集資金或者是找投資人的需求，那麼你都要練習1分鐘的，3～5分鐘的，15分鐘的、一小時、一天、三天、七天各種不同形態的演講。

　　1分鐘版，可能是用於發表在網站上面，或者有時候你可能會在某個電梯裡，或臨時在路上碰上重要的投資人，而他只能給你1分鐘的時間，

如何把握這 1 分鐘，就關係到你是否能拉到投資。此外，還要有一個 3 ～ 5 分鐘的版本，同樣適合放在網站上或是一個需要 3 ～ 5 分鐘致辭的場合。

15 分鐘的版本更是如此，因為 15 分鐘的版本就像在 TED 裡面的演講一樣精彩，能完整表達一些主題，但又不至於過長，當然如果你要做團隊的訓練，或者是你要成為一名專業講師，那就要一定要有三天的演講，我曾邀請世界上各領域的管理大師、領導力大師、銷售大師、演講大師、談判大師到中國大陸演講，他們很優秀、很卓越，是世界頂尖的一流講師，當時我協助他們把他們原本只有兩個小時的規劃變成三天的課程，因為還要加上很多案例、見證、互動及考核。但有時候你也可能需要把三天的演講變成一個小時，所以你可能要有一個版本叫做 10 張 PPT 或者是 6 個大綱的版本，有些要舉三個故事，有些要舉四個例子，看整體時間多寡來決定到底要舉的例子有多長，決定到底要說幾個故事，這些都是要按照時間長短來做不同的安排。

如果你有一個固定的版本，比如你的公司要舉辦一場招商會，而你有這麼多不同的版本，就可以讓工作人員全都背下來，練習熟練，因此當團隊都能複製下來時，就能夠按照人數、時間、地點或者是線上還是線下，都能夠表達同一個主題，試想，如果讓團隊都學習下來、也複製下來，你的業績該會有多麼恐怖，你所想要達到的團隊招募人數就能迅速倍增，而過去你因為沒有學過、不了解而損失許多，現在你知道了、了解了，並且照做，就會有明顯的大進步，趕快寫下來吧，開始規劃這些版本。

 ## 成為導師的教導式演講訓練

早期我的演講大部分都是自己一個人，也就是把自己變成超級IP、超級明星，但這並不是最好的方法，因為你的時間、體力有限，而且人會老，光芒會過去，所以你必須教導你的團隊，尤其是你的公司規模很大，不管是在臺灣或中國、東南亞，乃至全世界，你都需要去複製更多的講師。曾經有一段時間我在舞臺上具備非常強的銷售能力，因此團隊都很依賴我幫助他們創造業績，聽起來是不是很厲害，感覺很有成就感，但卻是最大的危險，因為你太強，會令其他人的能力變弱，這會令他們習慣依賴那些少數有強大銷售力能達成業績和目標的講師。

請記住一點，能用100個人中每位1%的力量，也不要用自己100%的力量。記得做所有事的時候，要問自己能否複製，所以成為導師型的講師也非常重要。不論你要達成什麼目的，你都必須要這麼做，但是有人就會擔心，那如果我全都教會他，之後他跑了怎麼辦？如果他學會之後他不跟我合作了怎麼辦？其實這些問題都不用擔心，因為該怎麼樣就會怎麼樣，而不該怎麼樣也不會怎麼樣，就如我的書《複製CEO》一書裡所說的，有些老闆會送公司的幹部來上我的課，但有些人卻不敢送自家員工來學習，因為那些老闆怕他的員工學到太多，請問這像不像是義和團自以為的刀槍不入，只要把大家圈在一起就沒事了嗎？在過去或許還可能做到，但在這個網路時代，資訊這麼發達的今日，難道他們不會去別的地方嗎？難道他們不會去線上看、上網學習嗎？

其實在幾十年前我就懂得這個道理，該來的還是會來，該走的還是會走，而每次來或走有沒有學到東西，有沒有曾經爭取在一起的那段時間，

就非常重要。早年網路不是那麼發達時，我剛創業開公司，當時我還不是做教育培訓，我投資了很多實業，所以我就帶了很多團隊的高級主管到外面去學習。當然後來那些人中有很多都已經不再和我們合作了，但我覺得在那個當下，大家一起學習，彼此付出的經歷就十分彌足珍貴。就像年輕時那會兒，你送當時的女朋友／男朋友貴重的禮物時，你心裡會想如果之後沒有結婚，那這禮物不就白送了嗎？我想不會的！其實在送禮物的那一刻，你的內心就已得到極大的滿足與喜悅，所以說當下情誼與過程才是最重要的。

持續教授自己想成為專家的領域

要選擇當什麼樣的領域的專家呢？有些人說我不知道講什麼，其實還是以終為始，問自己要的結果是什麼，來決定自己到底要做什麼。可以問自己幾個問題——到底你想講這個主題講幾年，想一想三年、五年後你想成為什麼領域的專家，你就去講什麼。當年我從一名銷售員開始，之後發展團隊，我就不斷地講團隊，講如何帶團隊，所以我開了「複製CEO總裁班」課程，出版《複製CEO》，漸漸地很多人都知道我是團隊專家，都知道我是建設團隊、複製團隊的專家，為什麼呢？因為我不斷講這個主題，在這個領域深耕，因為當你在講授的時候你必須設計講稿，必須確認學員會想聽什麼，想學什麼，你要如何講，還有PPT，還有大綱，還有講稿……一次又一次、一次又一次地講，幾十年來慢慢地就成為專家了。

所以，不是你成為專家你才去講什麼，是你去講什麼你就會變成專家。但有些人會說，我還不是專家，我要如何講呢？請記得一定有很多比

你還不會的人，所以假設你持續去教那些還不會的人，那麼你在這個部分就會變得比他更厲害、更強，所以去設定一個主題，努力成為這個領域的專家，然後開始去教。同樣地在你培養團隊的時候也是一樣，如果你想要培養這個人成為銷售的專家，你就給他一個主題叫做銷售，如果你想讓自己變成演說的專家，你就給自己的主題叫做演說，記得至少要持續三年以上，當然如果能更久，你就能成為真正的專家，因為一年得其要領、三年必有所成，五年成為專家，十年成為權威，十五年成為世界頂尖！

任何人在任何領域專注一萬小時必能成功的理論就是如此。所以聚焦打造你的人設，也就是打造你的IP，打造你的個人品牌，讓別人知道講什麼是你最專長的，當然你還可以講很多其他的，但是你只要有一個品牌，只能夠有一個別人的第一印象，就好像全聚德就是吃北京烤鴨，GIORGIO ARMANI的西裝就是時尚，LV是高級品牌，當然他們也有比較便宜的不一樣的商品，所以打造一個鮮明的標誌是非常重要的。

下功夫熟記該背的

有不少學員經常用很羨慕的吻對我說：「老師，您一定是一名很有天分的天才演說家。」其實他們都錯了，因為我自小就自卑，曾經有一段時間還非常自傲，後來才慢慢調整成現在這個樣子，自卑是因為家中曾遭逢重大變故，我也因此休學兩年，造成我幼時很大的陰影，而變得很自卑；自傲是因為自卑的嫉妒造成的自傲。後來開始賺了一點錢，少年得志大不幸，我開了幾十家分公司、公司規模很大，賺了好多錢，就天真地以為自己是世界上最有錢的人，後來公司倒了。重點不是在這個過程當中獲得什

麼，而是在過程當中學到什麼經驗。

我想說的是，我並不是一名天生就非常會演講的演講者，我是透過不斷學習並下過苦功夫練習的，比如我想賣這個產品，我是從早到晚一直背一直背，比如我想練好這篇講稿，我就一直講一直講一直講。包括出書都是在重新整理自己的邏輯，梳理綱要，如此一來就會讓這個領域成為你最專長、更擅長的部分。所以你必須要去背下你認為應該要背的東西。

很多學生都很驚訝我的知識淵博，可以說是學富五車，上知天文，下知地理，精讀四書五經、唐詩、宋詞、元曲。殊不知從過去以來，我就經常在我的包包裡或是衣服裡準備了一本小本子還有一支筆，以前還沒有手機跟錄音的年代，我只要看到哪裡有好的東西，聽到好的句子，別人分享的見聞，我都會把它寫下來，當你用筆寫下來的時候你的大腦就會過一遍，但是過一遍的時候又寫下來，你就等於已經記下來了。若是只是聽聽就過了，基本上，很快就忘記。我用來記錄的小本子就有好幾百本，裡面記了很多重要的隨筆，記載了我去的每個地方的見聞，看電影的心得，和別人說話聊天的內容，聽的音樂，每天有什麼感觸，都把它寫下來，就像寫日記一樣，但是我寫的並不是日記而是重點的綱要，就好像我從台灣到中國大陸，一開始我不了解中國的許多文化，我就把它寫下來，看到什麼不明白的就問別人，然後把它記錄下來，後來我到東南亞演講，到美國開公司，就把當地的狀況記錄，別人告訴我流行什麼，甚至有什麼特殊的詩詞，有什麼特殊的文化，都一一記下，久而久之學問就這麼累積起來了，所以成長比成功更重要。如此一來自己就會有更多的內容，更多的內涵可以講了，就能避免說話詞不達意或無話可聊的尷尬，這是需要日積月累的，一天進步一點點，一年就進步了365點點。

 氣場、能量、穿著

　　你是否曾遇過一種狀況，當你看到一名久未謀面的同學或朋友，你能從他給人的感覺去感受到這個人到底過得好不好，其實這就是一種氣場，即使他穿得西裝筆挺，打扮得光鮮亮麗，但你就是能夠感覺到他過得好不好，或許外型打扮是可以偽裝出來，但是很多的細節是裝不出來的。當你要去和人溝通，當你要對眾說話時，如果你做好充足的準備，你就會比較有能量跟氣場，如果你持續學習並去實踐，可能你就會變得很有能量、很有氣場，這時候從你的穿著、從你的外型，從你的說話的樣子，都能夠感受得到。所以當你要去演講時，請記得穿一套你最容易有氣場跟感覺最有自信的服裝。

　　有個例子很有趣，一名性感女子穿了一件她最喜歡的黑色性感內衣，她走起路來非常性感，並且很有自信，她覺得自己穿上了世界最漂亮的內衣，但其實沒人看得到，她的內衣只有自己感覺到而已，這就是一種能量跟氣場，所以你也可以試著穿上你感覺最有能量與氣場的衣服，就如以前我要演講時，我都會戴上一條我感覺最有能量的項鍊，我會噴上自己感覺最有能量的香水，這些都是增加自己能量與氣場的方式，每個人的方式可能都不一樣，但是你一定知道如何做才會讓你更有自信，然後反覆用這樣的方式去提醒自己，這也是一種心理的暗示，讓自己表現得更好的一種方法。

訓練邏輯、語氣

有一個法則叫「7、38、55 法則」，不管是在演講口才還是人際溝通方面，攸關其成效的比率，說話的內容只占7%，語氣占38%，動作與說話的樣子占55%，也就是說內容相對沒那麼重要，只佔7%，你可以試著用一樣的內容，完全不一樣的語氣去與人說話、溝通，成效如何馬上就會知道了，比如你用咆哮怒吼的方式對人說：「把錢拿去吧」，或者是你用非常溫柔親切的方式說：「把錢拿去吧」，說的內容一樣，但語氣不一樣，動作不一樣，結果就會有很大的差別。

我在我的課堂上或是在跟員工團隊做訓練的時候，我都會要求他們寫一下你學到哪三到六件事情，為什麼我要讓他們寫下學到的三到六件事呢？有些人只寫一個，那是不對的，代表他不會歸納重點，有些人寫了十幾二十個也不對的，太囉嗦了，所以在看一本書的時候，或是看一部電影，或者是去聽一堂課，或者是你有什麼人生感悟的時候，記得練習寫下三～六個重點，因為這能訓練你的邏輯能力，訓練你隨時總結思考統合的能力。

有學員問我說每次聽老師說話都覺得很有道理，好像這些道理我也都懂，只是沒有辦法像老師一樣做這樣的整理，是的，沒有辦法做這樣的整理，代表你的邏輯，可能需要調整，你要訓練你的邏輯能力，而如果你的思緒不夠清楚，想都想不明白又如何能說得清。

當然還有說話的語氣，抑揚頓挫，說話的表情，說話的停頓，說話的方式，這些都影響著演講的效果。

從今天起定下100場的目標

　　在疫情開始之後，為了幫助更多來自全球各地的同學，我們開設了為期三個月的情景式演說線上課程，每個禮拜一次，每次一小時，有來自台灣、大陸、香港、新加坡、馬來西亞、美國各城市、及其他國家的同學在網上，我是採用現場直播、複習加作業以及助教群輔導的課程方式，看到非常多不同國籍、人種、有非常優秀傑出的企業家、有大學教授與博士、有科技研發的高手、有正在創業或追求夢想路上的年輕人，從本來緊張發抖不知所云到拿下訂單及融資，甚至還有人與我產生緊密合作，我無法相信，如果他們以前就學過這門情景式演說，不知道該有多好？

　　重申一遍，演講是學校以外最重要的技能之一。不管你的身份是什麼，你的狀況如何，你現在的年齡……會說話跟不會說話，其成就會有非常大的差別。所以請一定要下定決心學習演講，不管過去你有沒有這麼做，不管過去這麼做是否有得到好的效果，你都要把這門課視為你終身的必修課，不論你的家人、你的孩子都要學習這門課，當然除了看書、上培訓班之外，最重要的是定下舉辦100場演講的目標。不需要非要有很大的舞臺，也不需要很多觀眾，只要三個人以上，在任何場地，都算是一場演講。就能在最短時間內能達到令你驚嘆的變化，對於你的業績收入、人生各方面都會有極大的改變。所以我要你做出一個表格，寫下你在任何地方講的地點、參與人員、心得、事前準備，以及本書所教的所有內容，現在就馬上拿出紙筆或電腦、手機把它記錄下來，然後開始安排第1場，先不要去想你排不了那麼多場，反正只要開始先有三個人、講15分鐘以上就視為是一場正式的演講。

15分鐘以上，三個人以上的100場，一年內一定要達成！

Thinking & Action

1.

2.

3.

◀合作及學習諮詢微信，歡迎洽詢

天賦變現法則

05

找到自己的天賦與熱情
是一生最幸福的事！

　　俗話說得好：「天生我材必有用。」把人擺在適當的位置就是天才，放錯了位置就是垃圾。假設你是一名公司老闆，雖然你是老闆沒有錯，但是除了老闆這個職位之外，你適不適合再兼一個業務單位的主管工作呢？還是你只適合當一名財務主管，或是研發主管，雖然你是老闆，但你真正去做的角色是當領導者還是當研發人員？還是市場部經理？如果放錯了位置，那麼老闆就很難把公司做大、做好。

　　請仔細思考一下，不管你目前在做什麼，你身邊的人還有你自己是不是放在適合的位置。有時候可能一下子想不清楚，有時候可能沒辦法一開始就把人擺對，所以要不斷調整，直到把人擺對為止，包括把自己擺對。

　　寫下自己目前主要負責的工作：

1.＿＿＿＿＿＿＿＿＿＿＿＿＿＿＿＿＿＿＿＿＿＿＿＿＿＿＿＿＿

2.＿＿＿＿＿＿＿＿＿＿＿＿＿＿＿＿＿＿＿＿＿＿＿＿＿＿＿＿＿

3.＿＿＿＿＿＿＿＿＿＿＿＿＿＿＿＿＿＿＿＿＿＿＿＿＿＿＿＿＿

寫下自己其實最適合或需要調整成什麼樣的工作：

1.＿＿＿＿＿＿＿＿＿＿＿＿＿＿＿＿＿＿＿＿＿＿＿＿＿＿＿＿

2.＿＿＿＿＿＿＿＿＿＿＿＿＿＿＿＿＿＿＿＿＿＿＿＿＿＿＿＿

3.＿＿＿＿＿＿＿＿＿＿＿＿＿＿＿＿＿＿＿＿＿＿＿＿＿＿＿＿

寫下身邊最重要的六個人目前所處的位置及是否應該調整的位置？

1.＿＿＿＿＿＿＿＿＿＿＿＿＿＿＿＿＿＿＿＿＿＿＿＿＿＿＿＿

2.＿＿＿＿＿＿＿＿＿＿＿＿＿＿＿＿＿＿＿＿＿＿＿＿＿＿＿＿

3.＿＿＿＿＿＿＿＿＿＿＿＿＿＿＿＿＿＿＿＿＿＿＿＿＿＿＿＿

4.＿＿＿＿＿＿＿＿＿＿＿＿＿＿＿＿＿＿＿＿＿＿＿＿＿＿＿＿

5.＿＿＿＿＿＿＿＿＿＿＿＿＿＿＿＿＿＿＿＿＿＿＿＿＿＿＿＿

6.＿＿＿＿＿＿＿＿＿＿＿＿＿＿＿＿＿＿＿＿＿＿＿＿＿＿＿＿

我開設了一門課叫做「Passion、Profit、Power（熱情、效益、力量）」，教你如何發現自己的天賦，就是一個人如果能夠找到自己的熱情與天才，就能盡情發揮自己的熱情和天才，過上幸福快樂的日子。你是否發現有些人對財務或研發很感興趣，再苦、再累他都能持續做下去，根本不用別人督促，自己就會堅持，但有些人會因為不喜歡就容易放棄，很難堅持下去。常有學員困擾地問我說：「雖然我覺得健身是對的，但我就是

做不到，怎麼辦呢？我有興趣，但是我總是堅持不了……」其實是沒有在興趣的環節裡找到一個興趣點。比如你喜歡健身，那你就要找到你喜歡的一個運動和模式，比如你喜歡對著鏡子鍛練，比如你喜歡做瑜伽，比如你喜歡游泳，比如你喜歡游蛙式還是蝶式，還是你喜歡穿漂亮的泳衣，這會讓你很有動力去游泳。你喜歡在社區游泳池還是去海邊……，是的，如果你必須要做這件事，比如你經營公司，你必須要去做銷售業務，那麼你就需要找到在這個部分裡面你最擅長的那個節點。

如果你是老闆，你必須要做業務，你必須要有訂單，那麼你就要去想，你在談成訂單的過程中哪個環節是你喜歡的、你感興趣的、適合你的？例如，幫大家搜集名單，或者是你非常擅長產品的專業解說，還是你非常喜歡和別人建立關係跟交情，要找到你在銷售鏈條裡適合自己的那一個點，所以我的意思並不是指，你不喜歡就可以全盤推翻，或者發現自己不喜歡做銷售就可以不用做了，因為有些事是你避不了的，但是在你非做不可的這件事情裡面，一定有一個環節是屬於你能做得好的，所以要細分化，然後再細分化去找出一個你能做得好的工作。

 ## 熱情 Passion

何謂熱情，就是你對某件事非常喜歡，若對這個事情不感興趣，你很難持續下去，也很難做得好。所以熱情一直是許多創業家，很多有成就的人，不斷擁有而且不斷提及的重要事。如果你對一件事能持續做下去，不斷鑽研、研究，那你就有可能把它做好，甚至會因此而成為專家、權威。以財富來講，就是能賺大錢，以自己的人生而言，那就是一件最幸福快樂

的事。

在這裡我要解釋一下什麼叫熱情，什麼叫天才。

請問你喜歡唱歌嗎？如果你喜歡唱歌，就表示你對唱歌有熱情，但你唱歌唱得好聽嗎？如果你唱歌很好聽，那還要再分成是你自己覺得好聽，還是別人覺得好聽，還是自己以為別人覺得好聽？如果自己也覺得好聽別人也一致認同好聽，不是只有自己覺得自己好聽，是非常多人公認好聽，就像你是很有名的歌星，你是 Michael Jackson 有數百萬人看你的演出，你是劉德華，是不老的神話，有這麼多人喜歡你的歌。就表示你在這方面不止具備熱情，還具備天才。

熱情與天才最大的差別就在於，熱情就是你喜歡做的事，你喜歡唱歌叫做你有這個熱情。而你唱得好，獲得大家一致稱讚，這就是所謂的有天賦。很多人把孩子送去學跳舞、練跆拳道，那到底是父母覺得孩子需要去學，還是孩子自己想去的，但是想學舞蹈的，不見得有舞蹈的天分，有舞蹈天分的人也不見得就會喜歡跳舞。而有這個天分就是天才，很有興趣就是熱情，如果你能夠找到兩者交集的地方，那麼你的孩子就會更有成就。

如果你是一位老闆，可能你對市場行銷非常有熱情，卻不是你的專長，那麼你就要好好想想如何將自己擺在對的位置。其實包括你的家人、你的孩子、你的另一半、你公司的員工、你的團隊，認真想一想每一個人現在所做的事情是不是正是他熱情所在，而且也是他天才之所在。

但熱情與天才每個人在每個階段都會不一樣的，比如有人本來不喜歡彈鋼琴，但是後來喜歡了，這也是有可能的。假設老虎伍茲在三歲的時候沒有被他爸爸培養打高爾夫球，就不能成為高爾夫球巨星。所以在任何時候你都要積極發現你的天才，找到你的熱情，坦白說這並不容易，因為有

時候我們還會判斷錯誤，所以接下來我會列出一些方法，幫助大家找到自己的熱情跟天才，而就像我剛剛說的熱情與天才經常在改變，所以我們要經常測試，並再次確定，而你看到一個人想用他，不管他是你的另一半、團隊、員工、夥伴，都要先思考他的熱情與天才是什麼，持續做這樣的練習，練習越多之後，你的判斷就會更精準。

如何找到你的熱情？

如果你能夠做自己喜歡做的事，並且能從小做到大，從早做到晚，那麼這件事應該很少有人可以贏過你，你就是專家了。以下我提供幾個方法，讓你可以通過這樣的方式來練習。

1 寫下你最感興趣的八件事

2 寫下最容易讓你興奮的八件事

_____

_____

_____

3 寫下你會廢寢忘食的八件事

_____

_____

_____

_____

4 寫下你現在最想做的八件事

_____

_____

_____

_____

5 寫下最讓你好奇與新鮮的八件事

---

6 寫下你覺得最有意義的八件事

---

7 寫下你最想知道及探索的八件事

8 寫下你最想挑戰的八件事（只要不違法及道德，再大膽三倍以上）

_____

_____

_____

_____

　　不要拿那不是我的興趣當藉口，哪些是你非擁有不可的技能，在一個鏈條裡尋找你熱情的區間，有些熱情是可以培養出來的，如果你不是真心想要，就打掉重練，因為做好你應該做的事，才有資格做你想要做的事，然後強化你的熱情。

如何找到你的天才？

　　你可以在一段時間後或者是每一年，用以下這些問句來自我練習，可以邀請你的朋友、你的家人、你的團隊一起來做，就能更了解彼此到底具備什麼樣的天賦：

1 做哪八件事情時是你最有耐心的？

_____

_____

_____

_____

2 什麼是你做得又快又好的八件事？

_____

_____

_____

3 什麼是別人經常稱讚你的八件事？

_____

_____

_____

4 你覺得你在五年後會在哪八個方面表現得非常傑出？

_____

5 你絕對不能允許自己在哪八個方面退步？

6 有哪八件事就算別人做不到，你也會想辦法非做到不可？

7 當你離開這個世界有哪八件事是別人會覺得你做得很棒？

_____

_____

_____

_____

8 有哪八件事是就算沒人逼，你都會想辦法完成的？

_____

_____

_____

_____

如何找到人生使命？

　　所謂的使命，聽起來非常玄，也令人感覺非常遙遠，卻是內心真正的原動力，在課堂上我會讓學員兩人一組，互相問對方一個問題：你的人生使命是什麼？重複地問這個問題，問非常多次，一開始所說的可能是賺錢、幫助人等等之類的，到後來越問越深、越問越深，一樣的問題，但卻能夠深入去了解到底自己或對方真正想要的是什麼？所以在這裡人生使命

就是在這一生當中自己真正想要的，通過以下的問題，讓我們一起練習找出自己的人生使命，在每個階段可能會有不一樣的人生使命，所以可以經常做這樣的練習，你也可以自己問自己。

你最愛的人有誰？

_____

_____

你真正想要的到底是什麼？

_____

_____

你要如何愛自己、對自己好？

_____

_____

你到底為什麼來到這個世界？

_____

_____

這個世界的什麼會因為你而改變？

寫下人生長遠的目標與生命藍圖

這裡所謂的目標與藍圖，所說的就像是蓋臺北101需要畫設計圖、蓋巴黎鐵塔、雪梨歌劇院……都需要畫設計圖，建築物固然重要，但人的生命更為可貴，然而大部分的人是不會有生命藍圖以及說明書，很多人都是第一次當父親，第一次當兒子，第一次當老闆、第一次生活在這個世界上，雖然有很多事我們無法預知，但框架與大致的目標會讓我們越來越清晰，而你想得越清晰就越有可能朝目標夢想前行，因為生活中有太多的變數與意外，令我們沒有辦法掌控人生與世界，但有人從小就想成為科學家、成為藝術家，越早設計好生命的藍圖，就越容易達到人生想要的結果。除了生命藍圖之外，也有所謂的財富藍圖與情感藍圖，什麼叫財富藍圖呢？

曾經聽老一輩的人說，一個人一輩子要賺多少錢都是註定的，仔細想想不無道理，這裡所謂的註定，有運氣因素，當然也有努力，還有所謂的心裡的心錨以及潛意識的影響。比如幼年時我父親經商失敗，我就告訴自己日後絕對不能做生意失敗，但最後我還是創業失敗。可見有時候當你不想要什麼卻來什麼，只有先把錯誤的以及不好的藍圖寫下來去，並去正視它，然後用正確的、好的藍圖去取代它，才能夠讓我們擁有新的財富藍圖。

　　感情也是如此，我有一個同學她的父母在她很小的時候就離婚了，她母親獨自扶養她們三姐妹長大，三姐妹也都告誡自己絕對不要和母親一樣，但長大之後這三姐妹也都離婚了，這就是所謂的沒有把「感情藍圖」重新設定，沒有去面對，並找出問題，以至於重蹈覆轍，請寫下你的生命藍圖、財富藍圖、感情藍圖，把不好的寫下來，並且用好的去取代它，如此一來，才能夠擁有全新的生命財富與情感。

　　接下來我要談一個重要的觀念，叫做「加強美好的潛意識暗示」。每個人的腦中天天都會出現很多的高潮、低潮、正面與負面，但大部分人生的失敗與負面，挫折與困難都是常態，成功與正面才是偶然。也正是因為如此，才更能顯現出高峰、快樂、成功是多麼可貴，並讓人瘋狂慶賀。因此當你發覺你正在持續產生負面潛意識的時候，大聲地喊「stop」，在心裡面說「停止」，然後轉向正面潛意識、正面的言語、正面的思想、正面的情緒，尤其有非常多人會覺得自己非常倒霉，自己是受害者，我也曾經有過這樣的感覺，抱怨自己的家庭怎麼這麼糟糕，有一大筆負債、連累自己要一天兼六分兼職……若是每個人都這樣不斷鑽牛角尖，那就變成是一個受害者，覺得這個世界對不起自己，很多的罪犯心理都是這樣產生的。但有些人雖然日子過得貧苦、有些人生命飽受諸多波折與挑戰，但仍然充滿了喜悅與快樂，樂觀是一種天性也是一種要學習的能力！有人好不容易找到一點點的光，就覺得世界充滿了光明，有些人看到一點點的黑，就從此感覺世界陷入了黑暗。請立刻停止你的惡言相向、停止抱怨，在自己要產生這樣的負面情緒時，立刻喊「卡」停下來。有時候你會蠻討厭某一個人，覺得他讓人不喜歡，但有時候自己卻又變成那個自己所討厭的那個人，現在我要請你立刻寫下你最討厭的人的六個特質，然後再寫下你最喜

歡的人的六個特質,然後想辦法在自己不小心要產生連自己都討厭的特質時,趕快喊「停」,及時調整!你永遠都要準備好成為那個更美好的你,一切成功的資源都已在你的體內準備好!

你不是受害者,你是愛的天使,上天讓你來到這個世界是為了要享受生命及幫助更多人擁有美好的人生!

我曾經看過一部電視劇,描寫一位母親在孩子出生後,找了一位人人都說是神算的算命師,鐵板神算算命師說:「你這個孩子天生就命苦,婚姻不順利,工作事業也不順利,而且還命運坎坷。」這位母親也很迷信就認定這孩子命苦,還不斷地告訴孩子,他命運坎坷,事業不順利,婚姻也不順利,所以萬事行止都要小心。而這個孩子日後碰到了很多困難跟挑戰,真的做什麼都不順利,求學不順利,婚姻也不順遂,工作受挫,這位母親益發覺得算命先生真的太準了,又更加不斷地跟孩子說他是命苦的人,孩子也一一接受……。這樣盡信算命師的話可以稱之為潛意識,但其實我們是可以去改變這樣的潛意識,因為當你相信之後,你就會看見,而不是看見才會相信!

就像有一部很棒的電影叫做《埃及王子》裡面所談到的,在聖經中摩西帶著群眾過海,摩西讓群眾的眼睛都要看著他,而不能看下面,所以摩西把紅海分開帶著群眾過海,而有一個人不太相信,就看了一下,怎麼可能踩在海面上不會掉下去呢?因為他產生了懷疑,所以就掉了下去,這就是所謂的「相信才會看見,而不是看見才會相信。」雖然這是聖經裡的寓言,但在生命與生活當中絕對有它的道理,只要堅信不移就會出現奇跡!

接下來,請每年寫下你人生的目標,這會給你無比的力量:

事業財富方面

1 _____

2 _____

3 _____

4 _____

5 _____

6 _____

7 _____

8 _____

9 _____

10 _____

投資理財方面

1 _____

2 _____

3 _____

4 _____

5 _____

6 _____

7 _____

8 _____

9 _____

10 _____

身體健康方面

1 _____

2 _____

3 _____

4 _____

5 _____

6 _____

7 _____

8 _____

9 _____

10 _____

孝親感恩方面

1 _____

2 _____

3 _____

4 _____

5 _____

6 _____

7 _____

8 _____

9 _____

10 _____

兩性婚姻方面

1 _____

2 _____

3 _____

4 _____

5 _____

6 _____

7 _____

8 _____

9 _____

10 _____

人際關係方面

1 _____

2 _____

3 _____

4 _____

5 _____

6 _____

7 _____

8 _____

9 _____

10 _____

成長學習方面

1 _____

2 _____

3 _____

4 _____

5 _____

6 _____

7 _____

8 _____

9 _____

10 _____

家庭親子方面

1 _____

2 _____

3 _____

4 _____

5 _____

6 _____

7 _____

8 _____

9 _____

10 _____

環遊世界方面

1 _____

2 _____

3 _____

4 _____

5 _____

6 _____

7 _____

8 _____

9 _____

10 _____

享受人生方面

1 _____

2 _____

3 _____

4 _____

5 _____

6 _____

7 _____

8 _____

9 _____

10 _____

以下分享十窮十富（古訓）

第一窮：（逐漸窮），多因放蕩不經營；

第二窮：（容易窮），不惜錢財手頭鬆；

第三窮：（邋遢窮），朝朝睡到日頭紅；

第四窮：（懶惰窮），家有田地不務農；

第五窮：（攀高窮），結識豪富為友朋；

第六窮：（出氣窮），好打官司逞英雄；

第七窮：（借貸窮），借貸納利裝門風；

第八窮：（命當窮），妻孥懶惰子飄蓬；

第九窮：（局騙窮），子孫相交不良朋；

第十窮：（徹底窮），好賭貪花戀酒盡。

十富歌

第一富：（勤勞富），不辭辛苦走道路；

第二富：（忠厚富），買賣公平多主顧；

第三富：（留心富），聽的雞鳴離床鋪；

第四富：（終久富），手腳不停理家務；

第五富：（謹慎富），常防火盜管門戶；

第六富：（守分富），不去為非犯法度；

第七富：（同心富），闔家大小相幫助；

第八富：（幫家富），妻兒賢慧無欺妒；

第九富：（後代富），教子訓孫立門戶；

第十富：（為善富），存心積德天佑護。

擁有全新的人生故事

把過去不好的故事改掉，擁有全新的故事，人生就是一連串小決定的結果與組合，你就是自己人生的導演、編劇、主角。由美國喜劇巨星金凱瑞主演的電影《楚門的世界》，裡面的情節非常發人省思，劇中男主角由金凱瑞所飾演的楚門從出生開始，就在一個叫做「景德鎮」的小島被5000台攝影機記錄拍攝，並且直播給全世界的人觀看。楚門從出生開始，所有的一舉一動、每個行為都被全世界的人所監看，包含他學走路、吃奶嘴的每一個動作，都是導演為了要賺錢而全程直播，但是他自己並不知道。這個鎮上有好幾千人都是演員，他們都是配合楚門來演出的。

這期間經常會出現有奶粉廣告、汽車廣告、房子廣告……很多可以用來盈利的廣告，都是導演賺錢的來源，而楚門開始慢慢長大，初中、高中、大學、包含他所交的女朋友、結婚的對象，都是導演預先安排好的。在全世界觀看楚門成長的同時，也為導演也帶來了巨大的財富。楚門從來

沒有離開過「景德鎮」這個小島，因為他從小就被輸入的潛意識叫做「自己小時候有很恐怖的溺水經驗」，所以他對大海是恐懼的。

有一天，有一名觀眾看不下去了，她覺得人怎麼可以如此被窺探隱私呢？所以他在導演不注意的時候跑去這座島，告訴楚門這一切都是假的，所有的佈景人物，都是配合演出的。導演立刻找人把女子架走，楚門彷彿懂了，開始回憶自己的一生好像都是被安排的。導演把女子關起來，女子告訴導演，你不可以安排別人的人生，這是不公平的，他是活生生的人，不是動物。導演冷酷地說，如果他真的想改變自己的命運，他一定可以，主要是看他要不要。有一天晚上楚門想盡辦法躲了起來，然後偷偷跑到海邊，坐上了船，他覺得他即將擺脫命運的枷鎖，不管島外的世界是如何，他再也不想被安排，他不想讓任何人主宰自己的生命。

導演發現之後，按下了一個按鈕，這個按鈕會讓海水引起狂風巨浪、瞬時海嘯、暴雨、雷電交加，船幾乎都被淹沒了。楚門下定決心一定要改變自己的命運，於是當導演用盡各種方法，船隻幾乎完全被淹沒時，所有的遙控與機關導演也都漸漸用盡，當船隻慢慢浮出水面，楚門竟然還活著！他用腰帶將自己與船桿綁在一起。最後這艘船撞到了世界的盡頭，也就是攝影棚。楚門一切都明白了，他微笑著做了一個鞠躬的動作，好像告訴全世界他已經成功了掙脫自己的命運，他打開大門離開攝影棚，離開這個從小被安排好的景德鎮，他決定要改變自己的命運。

過去的我認為自己是一個家道中落不幸的孩子，多年來自卑的心魔一直跟著我，但後來透過學習，透過了人生觀的改變，這一切就像楚門一樣，我改變了自己的命運，突破重重的枷鎖。

過去你是否也有過不堪回首的慘痛經驗呢？人沒有吃不到的苦，只有

享不到的福，家家有本難念的經。相信在過去可能有些是你不足為外人道的痛苦經驗，但請把它改成是幫助你在未來成就一切美好事物的累積，因為任何事的發生必有其原因及目的，並有助你成長。本來看起來過去我自己打多份工、兼多份差、休學，家裡糟心事一堆，哪一件不令人痛苦不堪，但如果沒有經歷這樣的挑戰，如何鍛鍊出不斷向上的意志力與決心呢？大部分的人都不是一帆風順的。人生的軌跡也不是誰先勝利誰就要贏了，因為人生比的並不是起跑點，而是誰最後贏得終點。重新寫下你未來的故事，就像你是導演一樣，不要被安排命運，成為自己的導演，就像楚門離開攝影棚一樣，雖然不知道以後會怎麼樣，但生命也會因此而精彩豐富。不是嗎？

每個人都有自己的人生軌跡，你不必擔心自己太晚上學、也不必擔心自己太早結婚、更不必擔心自己太晚成功、也不用擔心自己有過失敗、更不用擔心自己的生老病死，因為這一切自有安排。三分天註定，七分靠打拚，將會得到什麼樣的結果的權利給自己。這部電影是每個人自己的電影，而你就是導演，我要你把過去的不好的故事，把它變成一切的幫助，一切有幫助的故事，對未來有幫助的故事。

寫下從今天開始到未來，你的人生想要怎麼樣發展的故事跟軌跡，當一次自己的導演吧。

你要如何改寫自己過去現在到未來的人生劇本？

過去曾經做過哪八個錯誤的決定？

過去曾經做過哪八個正確的決定？

未來一定要做哪八個正確決定？

 # 如何建立全新的價值觀？

什麼是價值觀呢？簡單來說，價值觀就是做事情的優先順序。也就是你決定先做什麼，後做什麼，或者是不做什麼，或者是你非常想做什麼，然後把你非常不想做的，排在你做任何事的最後面，甚至不做。比如你很喜歡吃美食，所以你不太在乎你的體重，所以吃美食就排在控制體重前面；比如有人非常喜歡運動，可以一大早起來跑步，所以就把睡眠擺在了後面；比如有人非常喜歡收藏古董，就把收藏古董擺在花錢去休閒娛樂之前，這些做事情的優先順序，就是所謂的價值觀。

一個人的價值觀錯了，可能就會去做一些為非作歹的事，像是搶劫銀行，因為他們認為擁有一大筆巨款比守法更重要，所以培養正確的價值觀非常重要。做任何決定之前，把什麼擺在前面考量，什麼擺在後面，這就是所謂的價值觀，而每個人每個階段的價值觀都會不一樣，假設價值觀錯誤，嚴重一點可能會危及生命，或者變窮或是不快樂，所以價值觀的建立基於個人，基於家庭、基於團隊、公司，甚至整個國家都非常的重要。

看你把什麼擺在第一位，有些人把舒適擺在努力的前面，所以就不太會嚴格要求自己，這對年紀大一點的人來講是沒錯的，但是對於年輕人而言，努力應該比舒適更重要。有些人把富有放在安全的後面，代表著他們可能想去當公務員，領固定薪水，但不想變成有錢人；有些人把賺錢放在前面，所以他每天工作時間都很長……，每個人的價值觀只要是不違法，並沒有絕對的對或者絕對的錯。因為在各種不同的年齡，不同的身份，不同的時候會有不同的差別，如果你了解一個人現在的價值觀，你就知道要如何去和他溝通，包括你了解團隊的價值觀，以及你塑造團隊的價值觀，

就會讓團隊朝向對的方向前行。

你可以做一個這樣的實驗，就是把以下我所寫的價值觀，你自己也可以增加一些，然後和團隊同仁討論，討論出要把什麼擺在前面。比如這是一個創業型的公司，價值觀可能是追求利潤、減少成本，一切以業績為重，那麼這個創業型的公司找出這樣的價值觀之後，就可以把它貼在牆上，讓公司全員每天都能看到，自我激勵，或是做成新人手冊。但是如果公司到一定的階段，說不定目標已改成要上市、要進入資本市場或者是要實現跨國的經營，那麼價值觀就要做一些調整。所以對團隊而言，你可以用這樣的方式一起找出價值觀，貼在牆上，放在所有可以看得到的地方。對家庭而言，你也可以和你的孩子討論什麼是擺在前面的價值觀，比如吃飯前要先洗手，比如做完功課才能看電視。但對自己也要重新建立自己的價值觀是要每天運動、早起，還是可以熬夜吃宵夜，這些都是價值觀的樹立。

以下，我將一些價值觀的關鍵詞列出來，你自己也可以補充與調整：

價值觀優先順序排定關鍵字：

富有、舒適、自由、守法、平等、公平、快樂、享受、智慧、聰明、賺錢、環遊世界、長遠眼光、財務自由、多元收入、斜槓人生、思考、創新、發明、旅遊、興奮、瘋狂、熱情、冷靜、分析、理性、邏輯、刺激、學習成長、進步、使命感、買車買房、回饋、感恩、貢獻、助人、影響力、領導力、兩性關係、愛情親情、家庭、婚姻、陪伴、教育、健康、分享

請寫下以上你認為最重要的八個價值觀：

_____

_____

_____

_____

請選出以上的八個中你認為比較重要的三個價值觀：

_____

_____

寫下一個你認為以上選出最重要的一個價值觀：

_____

帶著你的團隊或家人寫下價值觀的排序，就能互相了解對方最重視的是什麼？或者去重塑價值觀！

重新寫下「財富及金錢藍圖」
對金錢的負面關鍵字：

_____

_____

_____

對上述金錢八個錯誤感覺的重新正確詮釋：

_____

_____

_____

寫下心中完美的花錢清單（把你最想花錢買的大小東西，大概多少錢，通通寫下來，就會發現賺錢有多重要，會讓你有強烈的賺錢欲望）

_____

_____

_____

重新寫下「感情及情感藍圖」

寫下對感情及各種情感八個負面的感覺：

_____

_____

_____

The Best
Viability

寫下對感情及情感八個錯誤感覺的重新詮釋：

_____

_____

_____

_____

 # 如何賺取巨大的財富？

1 縮短獲得財富的時間

　　成功不稀奇，重點在速度，賺錢不稀奇，重點在花多少時間，如果有人一輩子才賺了別人一個月的錢，那麼這個花一輩子賺一個月錢的人，他就來不及並享受不到另外一個月以外所產生的各種享受，或者是自己想買的東西、自己想做的事，所以個人也好、企業也好，要想辦法縮短獲得財富的時間。例如去年賺了100萬，花了一整年的時間，今年就要思考如何只花半年的時間就賺到100萬。而演講就是很好的方法，一對多的公眾演說或是帶團隊，能讓很多人同時一起做，這就很節省時間，是縮短時間的方法。要想獲得巨大的財富，並不是只要採取一種方案，你要同時並行很多種不同的方式。雖然目標只有一個，但是你用很多的方法同時進行，如公眾演講、團隊、自媒體創業、包含寫書、拍視頻、透過寫文案、透過推銷產品做市場行銷，這些都是獲取財富的方式，當然也可以做你擅長的，

也就是每個人有不同的專長，如果曾經用什麼樣的方法能賺到錢，記得把它擴大、再擴大，不要停止目前賺錢的方式，你始終要想的是如何把它擴大？

② 擁有每天進帳的習慣

　　一定要天天收到錢！開一家店，不管是線上的或線下的店，雖然有成本，但是最大的優點就是可以天天有錢入帳，大部分的生意倒閉都是因為周轉不靈，所以天天有進帳很重要，如果你是開店做生意的，你要告訴自己每天一定要收到一筆錢，每天一定要賣出一樣產品，雖然看起來好像沒什麼，但世界上沒有奇蹟只有累積，不斷日積月累，一天一天的積少成多，所以你要設定目標，每天賣出一個產品，然後在適當的時機可以做批發，通過演講、透過舉辦展會活動，一次就賣出很多，然後找到可以合作的通路，因為很多的一對多也是從一對一延伸出來的，請記得你的基本面叫做一天賣出一個東西，每天保持進帳。

③ 長期的財富規劃

　　長期的財富規劃是什麼呢？比如投資房地產，比如投資一家好的公司長期持有，比如投資自己的本業，這些都屬於長期的財富規劃，或者說像我在臺灣、東南亞、美國、中國大陸，都有投資，有些投資並不是馬上能看到收益，但有些投資是屬於馬上能夠見到進帳，你兩者都要兼顧，要有長期的財務規劃，因為不管多麼長期就算兩年、三年一晃眼過了之後，那個長期就變成短期的了，但是如果沒有一開始的佈局就不會有最後的結果。

4 要人還是要錢

和客戶溝通時，腦中想的是如何和他產生共同的利益追求與關係，或者是如何與對方產生情感與鏈接，以前我做銷售時所學到的就是銷售不成反推薦，推薦不成反銷售。今天談一個客戶，如果沒有成交，你可以讓他成為你的團隊，反正一定要產生關係，不然就沒有後續，沒有下一步了，也就什麼都白談了。

5 這條路不通換下一條路，這個人不行找下一個

有一句俗語叫做「打不死的蟑螂」，說的就是永遠都能絕處逢生、永遠都會在飛機即將要墜落時又拉起機頭往上飛起來，你隨時要問自己，當碰到挑戰的時候還有沒有下一條路？可以再找誰幫忙？再跟誰合作？可以試試跟誰聯繫？可以試一下下一個方法？世上絕對不可能一條路就通到底了，要達到一個目標，可能要換很多條路，找很多種人。但是本來可能只差最後1%就到達目標了，如果努力了99%，就不往前進的話，就什麼都沒有了。所以在遇到挑戰的時候，記得寫下三個方法，請寫下三個人的名單，用這三個方法去找出這三個人，跟他們溝通，跟他們見面。記住！有人就有機會，有樹就有鳥棲，有人就有業績。

6 該學的本事及技術一定要學

本書將教會你行銷的本事、演說的本事、團隊建立的本事、發現自己的天賦、自媒體銷售的本事，有些本事是不能不學的，有些技術就像家財萬貫不如一技在身一樣，如果你沒有學會，即使再怎麼努力都無法達成目標，就像一個只會開車的計程車司機，他如果沒有去學管理，就沒有辦法

建立一個車隊，只能開計程車。任何的高位都是從低位往上爬的，開計程車沒有錯，但也有可能成為計程車司機裡面的領導，開了間車行。所以你要想的是如何不只當醫生還要開醫院，在沒有太大的投入的情況之下，用什麼樣的方式才能夠把一個點變成一個線，然後變成一個面，自己想是想不出來的，就需要去學習相關的本事，你認為現在該學什麼呢？把它列出來，然後找老師，想辦法學習。

7 找到對的時機及地區

對的時機也非常重要，你在家裡的浴缸是不可能有一天划到大海的，這就是所謂的時機及地區，思考一下你現在所在的位置，是不是有足夠的舞臺可以發揮，是不是能夠到達你想要到的地方，如果現在就能夠看透，未來二十年只能這樣，那麼是不是應該換一片土壤才能種出好的收成？我曾經聽過有一位企業家說過，阿里山的神木並不是成為神木之後才是神木，而是還是種子的時候落下土壤的那一剎那，就決定未來的參天大樹，所以你的土壤到底是對的還是錯的呢？在我剛創業的時候就決定要做全世界的生意，當時不知道怎麼做，但是我的土壤是全世界市場，而所謂的土壤指的就是環境以及地區。

8 透過自媒體創業

而前文已談到自媒體創業的方式，是一個非學不可的本事，不管是個人還是團隊，公司還是大老闆，在過去可能你不靠這個成功，但未來這已經是每家公司的必修課，我們看到中國的抖音，看到美國的Facebook、YouTube、IG，都深知它的重要性而紛紛創造了一個自媒體的平台，或

是投入很多自媒體平台的合作，當然後者是比較容易的，這可以說是一個巨大的生意，千萬不要錯過。

⑨ 絕對不要亂投資、貪快或貪心

我看過非常多的老闆，本來很有錢後來變得負債累累，都是因為投資自己本業以外的，或者是把所有的身家全部賭了，那風險真的太大了，或者是拿去做資金盤放款，這些都是會毀於一旦的方法。還記得我所說的「最快的速度叫做按步就班」，一個客戶一個客戶談、一場演講一場演講說、一個招商會一個招商會地舉辦，人與人的差別在於，一天24小時中這個人跟另外一個人做了哪些不一樣的事。

⑩ 幫人脈找到入口，幫效益找到出口

就是跟對的人在一起，找到對的人很重要，我們會參加不少活動，也認識很多人，但大部分都是泛泛之交，不但無法成為好朋友，沒辦法成為合作夥伴，甚至都沒有第二次見面的機會，但很多人不了解，以為參加過很多活動，交換很多名片，加很多的聯繫方式，就是擁有了眾多人脈，但其實這些人脈在重要的時刻，在你想做任何事的時候，甚至你要約他們出來時，根本就找不到人，約不出來，可以說是沒有任何用處，這並不是你的錯誤或他的錯，而是沒有用對的方法，並且沒有幫人脈找到入口。

有非常多人想來跟我談合作，我都會邀請對方先來我們的課堂，或者是我去他的公司，因為只有他來學習之後，認同我教授的理念跟想法，這樣子才有下一步合作的機會，同時也是一種相互過濾的方法，所以透過這種聚會、活動理念的溝通或學習上來幫彼此找到頻率相同的地方，也就是

幫人脈找到入口，通過教育我結交了很多同頻的人，通過授課我找到很多好朋友、好夥伴、好學生，有些人和我成為好朋友沒有任何的生意關係，但是也有很多人從好朋友又變成合作夥伴，就可以有更長久的相處，如果你們成為利益的共同體，那麼就很有可能會為一個目標而共同去前進，這也就是幫人脈找到出口的一個很好的方法。記得不是認識誰、有個聯繫方式就是你的朋友、你的人脈，要有入口還要有出口。

⑪ 與目標抵觸者一律無效

你必須努力再努力，並且努力三倍，假設你現在還不夠達到你所想要的富有或者是自由，當你想去玩樂的時候要說這句話──「與目標抵觸者一律無效」，當你想去放鬆時，告訴自己「與目標抵觸者一律無效」，當然我不是說這輩子都要這樣，而是在某個時候、某個階段，比如你想從事某個目標達到某種財富的自由，或者是達到某一年度的業績目標的某個階段，你必須告訴自己把該捨棄的全部捨棄，這是一種機會成本，你選擇你的焦點放在哪裡，就會有不一樣的結果。

⑫ 一定要有重要的另外一位夥伴

有時候自己真的是孤掌難鳴，你必須要有一位互補的人。請你想一想，誰是最能夠跟你互補的？最能夠指導你的？或是最能夠幫助你？最能夠和你一起奮鬥打拚的，我所說的是他花很多的時間精力努力跟你一起討論溝通共事，一起努力、一起談客戶、一起做生意，你一定要有一位這樣的人跟你搭配才有機會。此時你要想好利潤的分配，清楚錢要怎麼分？錢的流向在哪裡？什麼時候分多少？以及讓對方的感覺好不好，這個人適不

適合你？找到另外一位夥伴是誰？在哪裡？還有你不能只看未來，也要看現在，每個月要有每個月的進帳，每週要有每週的進帳，每天還要有每天的進帳，你也不能只看現在，你還要想得夠遠，兩種要同時部署。因為你決定一定要成為有錢人，這一生一定要成為億萬富翁，這一生想辦法成為養成月入百萬習慣的人，最好是台幣、美金、英鎊、人民幣都可以。若是養成月入百萬習慣，你就會獲得很多的自由與尊重，還有對財富的支配權。

13 有人帶有人教

如果有人可以帶著你做，有人可以教你，這真的是一件很幸福的事，因為有不少人都是因為做錯決定而造成很多時間的浪費、金錢的浪費，精力的浪費，然後再回首已百年身。如果有人可以帶著你、教導你，假設你認定的這個人，請你要無條件相信，並且跟隨。你要做的就是去確認這個人是不是可以帶著你，就算不夠確定也沒關係，感覺好像可以，就先試著去做，反正如果沒有太大的損失與風險，先徹底配合與聽從，有好幾次我的創業之路就是有這樣的人帶著我成長，我非常感恩也感激。

14 要重視長期利益及短期利益

重視長期的利益，也就是佈局要佈得夠遠，有些時候不要那麼現實，只是看到眼前的。而要積極去結交值得你結交的人脈，並且主動付出、長期付出、持續付出、去播下種子，這就是所謂養成跟建立長期利益關係的前置，而所謂的短期利益就是你還是要活下來，所以還是要有一些只有短期的生意，只有一兩次的交易，你還是要進行的原因就是因為要存活下

來，然後活得長、活得久、活得好，任何人在交朋友的時候，有些人也可能是短期的朋友，而有些可能一輩子只見一次面，有些人可能只適合做短暫的朋友，但也有很多人是可以長長久久的，每種人都要有。

 ## 如何持續擁有現金流與被動收入？

我們經常聽到被動收入這四個字，也了解了現金流，但有非常多人對被動收入有一個誤解，把被動收入當成是不動收入，所謂的被動收入就是在主動的時候，也就是在醒著的時候做了哪些事情，而讓你在睡覺的時候也有收入進帳，而不是醒著跟睡著的時候什麼事都不做，就等著錢進來。所以要擁有更多的被動收入，當然要在非被動的時間也就是主動的時間，去努力做些事，採取什麼樣的行動跟方案，在在都會影響之後是否會有被動收入。比如我投資了一些房地產，當房地產的總收入減支出是正向的時候，就有正向的現金流進來，所以我們在做任何工作時，要思考的是，現在努力做的會不會在日後沒做時仍然有呢？如果沒有，那就只能說是勞動所得，但有沒有可能把它變成有呢？舉個例子，像我很用心地拍攝很多自媒體視頻，拍攝的時候是很辛苦的，但是很有可能在我睡覺的時候還會產生粉絲與收入的增加，所以你要想的是，你所做的事情是要能讓你在睡覺的時候仍然有錢賺，這就是所謂的被動收入。

 ## 如何規劃退休生活？

這裡所說的退休生活是一種非常富有並且健康快樂的退休生活，具體

來說，我認為至少要有一億台幣以上的退休準備金才是比較足夠的。要賺個幾百萬可能比較容易，要擁有一兩千萬好像也不是太難，但是要有上億的資產或存款，是指資產減掉負債，還仍然有這麼多的淨值，那就是少數人才能做到的。所以我們想想看，不管是自己面對生老病死的時候，需要花錢或者是想要享受人生，買衣服、房子、車子、頂級的旅遊，想吃什麼就吃什麼，老了之後生病了有人照顧，這些加起來如果沒有一億台幣以上的資產，真的是不夠用。比較具體的建議就是一定要存到至少超過一億台幣以上，這樣的資產才是比較夠用的，以下的退休生活安排以及資產狀況，依照每個人的不同情況，可以把它列下來。如果你還不太夠的話，記得趕快運用本書教授的方法努力賺錢，如果已經有了，我建議你可以調整成一億人民幣左右，如果還要再往上，那就是個人追求了，但我認為至少有這樣的存款或者是資產，你的人生就會過得比較舒服，並且有尊嚴、有自由，還有很多的支配權。

1 退休後可能會有的問題

_____

_____

_____

2 為退休培養的興趣

_____

_____

_____

_____

重定義設定目標：以下的目標設定落實到現在、立刻、馬上！

1 現在這一秒馬上要採取的行動方案

_____

_____

_____

2 今天要達成的一個目標

_____

_____

_____

3 這週要做的六大目標

1 _____

2 _____

3 _____

4 _____

5 _____

6 _____

4 這個月要達成的具體目標

_____

_____

5 今年一定要完成的六大目標

1 _____

2 _____

3 _____

4 _____

5 _____

6 _____

6 哪六件事會阻礙你達成目標？

1 _____

2 _____

3 _____

4 _____

5 _____

6 _____

7 如何避免達成目標的阻礙？

1 _____

2 _____

3 _____

4 _____

5 _____

6 _____

8 如果一定要做到該採取哪些行動方案？

1 _____

2 _____

3 _____

4 _____

5 _____

6 _____

如何扣動心靈扳機？

最早聽到心靈扳機是數十年前在美國學習催眠的時候，馬修・史維催眠大師所教的，也就是每個人都要在偷懶的時候，扣動心靈的扳機，想要放鬆的時候，扣動努力的扳機，這個扳機所說的就是心錨，所謂的心錨就是當你聽到某首音樂會想要努力，想到某個人會想要發憤圖強，想到某件事會讓你想要奮起追求。你的心中要有一個類似這樣的心靈扳機，扣動之後就會讓你能夠避免拖延，避免偷懶。以下的方法也可以協助你扣動自己的心靈扳機，克服人性的弱點。

1.哪八首音樂或歌曲是你聽了就有動力？

_____

_____

_____

_____

2.有誰是你想到或見了就有動力努力的人？

_____

_____

3.什麼地方是你去了或看到、想到，就有動力的地方？

_____

_____

_____

4.哪些文字或文章及書籍是你看到或讀出來就會興奮的？

_____

_____

_____

5.哪八個視頻或影片是你看到就很有力量的？

6.誰是你可以為了他早起努力的動力？

如何擁有瞬間爆發力？

這裡所說的爆發力，就是有些人會突然非常努力達成某個目標，就像我帶領團隊時，發現有些人能在很短的時間內瞬間做到很多的業績，或者是在很短的時間內達到某一個很厲害的目標，後面有沒有不知道，但是瞬間就會擁有這樣的爆發能力。這樣的爆發能力其實要如何激發呢？比如你有一個短期的重要目標要達成，比如你想追求一個人或者是你想要還清一筆負債，或者是你想要賺一筆房子的頭款，或者是想買一輛法拉利，設定這樣的目標及期限，都可能會讓你擁有超強爆發力，又或者是你找到一個大客戶，擁有一個比較大的訂單跟合作，類似這樣的方式都可能會讓你擁有瞬間的爆發力！現在就寫下能夠讓自己快速擁有瞬間爆發力的六個行動方案。

如何擁有超強執行力？

① 執行任務、解決問題、貫徹到底、克服萬難

所謂的執行任務就是你有一個短期或中長期的計畫或目標，如買一輛車，這可能是你的任務，中途會碰到什麼困難，所以要去解決叫做解決問題，中間的過程可能會發現錢不夠，也許是目前的收入無法支撐這個貸款，也可能是買了車之後沒有車庫，還要再買車位等等的問題，這叫做解決問題。而什麼叫貫徹到底呢？就是為了這個問題想出三個、四個、五個……找出可以解決問題的可能答案。最後叫克服萬難，如果你是別人的員工或團隊的一份子，那麼你就要每天時刻想著這16個字「執行任務、解決問題、貫徹到底、克服萬難」。當然如果你是老闆或團隊領導者，那更要不斷去思考這16個字。這16個字的反向叫做隨便想一個目標，做不到就放棄！而正向就是這16個字，也就是不達目標，絕不終止的超強執行力。

② 為什麼要等一下？立刻馬上去做

什麼叫等一下呢？就是找個藉口、找個理由或者是暫時不去想，或是覺得很累、很麻煩、拖延或放棄或者是暫時先放著，最後就不會去做了。當你想要做一件事時，先問自己：為什麼不能現在做？現在做有什麼問題嗎？晚點做會有好處嗎？如果沒有，你就要像被針刺到一樣跳起來馬上去做，這種說做就做的精神就是達成任何目標最重要的行動力。再來看為什麼沒有辦法去執行，沒有辦法去爆發，沒有辦法馬上做，其實唯一你要考慮的就是有沒有問題，是否有風險，風險能不能承受，做不好會不會怎麼

樣，如果不會，那為什麼不能去做呢？為什麼不是現在呢？為什麼不是這一秒呢？請寫下你這一秒就馬上要去做的事。

③ 影響行動的只有風險

如果風險可以承擔，如果風險都能夠承受，那就立即站起來、行動起來，現在這一秒，就去做！

記得是這一秒，不是下一秒也不是下一分鐘！

如何擁有持續力？

有一點總比沒有好；晚做總比不做好；先做總比晚做好！

能夠堅持有時候比執行力更重要。因為執行力是一種爆發的力量，是一種在瞬間產生威力，可能可以馬上賺到錢，或者是把一件事情做成功，但是只有堅持持續才能產生巨大的力量。要如何培養自己的持續能力呢？最重要的就是理解一個道理叫做「不要完美主義」，不要什麼事只要不完美就不去做。因為早做總比晚做好；多做總比少做好；做了總比不做好。

你是否曾有過這樣的經驗，就是想要去健身、游泳、練瑜伽，或者是養成一個跑步的習慣。曾經有一次，我想要養成游泳的習慣，買了游泳褲及蛙鏡，然後前一天非常興奮地早早就睡了，平常我可能要晚上十二點多才睡覺，那天晚上八點就睡了，是為了隔天要早起游泳。但是因為太早睡了，所以凌晨就醒了，翻來覆去睡不著，一直到天亮才又睡去，自然隔天游泳也沒去成。這就是所謂的矯枉過正，後來我改成按照平常的時間入睡，並調好鬧鐘告訴自己隔天一定要去游泳，讓自己養成游泳的習慣，於

是一大早起來之後，果然如同自己所設定的在六點多到了一個高級的游泳館，但是因為太早去，游泳池沒開，等七點開門後因太久沒游泳了，就把一天全空下來從早上七點一直游到下午大概五點，中途起來吃飯、休息一下。但因為太久沒游太累了，隔天整天都非常疲倦，還全身酸痛，自此就把自己嚇到了，再也沒去游泳。又過了幾個月之後，我明白了任何事不能太激進，於是改成每次都游四十分鐘，就這樣子持續了好多年，所以任何事能夠持續的原因，除了自己的決心之外，方法也非常重要，不要一次把自己嚇壞了，不要一下子就做高難度的事，不然會很難持續下去。除了運動之外，像是早起、寫作、看書學習，都是一樣的道理，「簡單沒有壓力」才能夠養成常年的習慣，而只有通過時間的累積、持續進行，才能夠達到目標，尤其是偉大的目標！

重新定義時間管理

一日之計在於昨夜，在最重要的時間做最能產生效益的事，也就是每天睡前排好隔天要做的六件事，記得有同仁跟我說：「明天他很忙，因為白天要整理資料並且要做一些表格，所以沒有辦法去談客戶，就無法達成每天要達成的業績目標。」我就問他：「你不能晚上再處理表格嗎？為什麼不能白天去拜訪客戶呢？」沒錯！請記得，如果你是銷售人員，你必須要在客戶能夠跟你見面的時候安排和客戶見面，而不是去整理資料，整理資料要選在不方便跟客戶見面的時間再做，但是大多數的人都以此作為偷懶的藉口，就是說這個時間也在忙，但忙的卻不是去找客戶談訂單，而是去做一些不應該這個時候所做的事，讓他能理直氣壯地說自己有在做事，

不是在偷懶，不管是面對自己或者是面對監督檢查的人都給予一個聽起來好像很正當的理由。

但其實這是一種逃避，所以你必須要設定好在什麼時間去談客戶，什麼時間整理資料，或者是什麼時間做研發，什麼時間從事休閒活動，對的事放在不對的時間做，那就是錯了，重新定義時間管理：每天要寫下隔天要做的六件事，以及什麼時候去做的優先順序。這個練習我已經做了好幾十年，也要求團隊這麼做，看起來好像很簡單，但是如果能夠持續這樣做的話，就是非常強的時間管理方法，也能夠提高整體的效率！

Thinking & Action

1.

2.

3.

06 行銷變現系統

學習行銷讓客戶瘋狂主動上門！

 ## 從乞求式銷售到顧問式銷售

在很多比較大型的公司業務銷售部門，是否都曾碰過這樣的情況，就是和買方公司的採購部門談一筆訂單，對方不斷地用各種方式要你喝酒，甚至要送他東西，過分一點還會踩在法律邊緣拿回扣，或者有些明星尤其是女明星，還要讓導演潛規則才能夠出演一些小角色，這些都叫做乞求式銷售。

這種方式也就是說要看對方臉色，要拜託人家！有很多的採購人員或者是手握大權的老闆或採購部門，為了享受這種趾高氣揚的過程，享受這種可以讓人卑微地求著他的過程，於是讓你不斷的付出不管是有形無形的代價，甚至還設法延長這個過程，當然還有更可恨的就是最後還不把訂單給你，或是不跟你買東西，只是想折磨你一番，然後揚長而去。

為什麼會產生這種情況呢？當然對方有很大的問題，但請反思一下，是不是一開始的時候，你就沒有做到不卑不亢，讓對方成了那種唯我獨尊的「上帝」，又或者是你要做給公司看，做給別人看，一定要拿到訂單，所以不擇手段，不顧尊嚴，甚至超越法律與道德底線去求別人，你讓別人

知道你可能會這樣，於是他試探你一下，發現你可以，再試探你一下又發現沒問題，然後最後所得到的下場跟結果，比較好一點的是把訂單給你，向你採購買東西，比較糟糕的是令你人財兩失，什麼都沒有，訂單沒拿到，還被羞辱了一番，你只能自怨自艾，恨得牙癢癢的，卻一點辦法也沒有。

又或者你是否曾經碰過一種狀況是：你跟別人說你的產品服務有多好，或者是你有一個多好的機會，一次、兩次之後，別人不理你，但你還是不放棄，因為做銷售當業務員不就要很有恆心、毅力嗎？所以你持續找對方，最後對方竟然把你給拉黑了，或把你列為拒絕往來戶，不再接你電話了。又或者是對方勉為其難地捧場，購買了你所謂好產品或者是加入了你所謂的好機會，然後再也不跟你聯絡了，人脈就此破壞掉了，甚至有些親朋好友也因此而翻臉了！

我曾經在北京開設過銷售通路公司，當時我剛從臺灣到中國發展，飯局上的客戶經常跟我說：「你們臺灣人不懂。到這邊來做生意，你不先喝個酒過三巡是做不了生意的。」當時我並不是開教育培訓公司，而是在銷售一種服務型產品。當然也碰到對方熱情的款待，但在熱情款待之後，通常要我喝酒表示誠意，可我本身完全不擅長喝酒，也不喜歡為應酬而喝酒，因此讓別人感覺我高高在上，耍大牌。

他們說你不喝酒，在這裡絕對什麼生意都做不了，尤其是我到東北或者山東等地，這個情況更是特別明顯。我記得我從頭到尾竟然真的連一杯都不喝，從2000年開始臺灣大陸兩邊跑，一直到2007年在上海住下來，我到全中國大陸做生意或者是授課開班，經常碰到這種情況，但久而久之大家也都知道我不喝酒，也喝不了，我非常禮貌客氣地委婉拒絕，並

提供更好的產品或服務給對方，結果更能得到對方的尊重。也因此造成只是想憑關係買單的人無法成為我的客戶，但真正在意服務專業或是產品品質的人慢慢地就都會成為我的客戶。

所以嚴格說起來，那些要你喝酒的人、應酬的人或者是要你卑躬屈膝的人，都是被你的言行吸引來的，相反地，真的喜歡你的專業或產品服務的人也是被你吸引來的，關鍵就是看你想吸引哪一種人，最後的結果就是什麼。

所以最後想找我買東西的人或者是想要我們公司產品或服務的人，就真的是為了專業或者是服務本身而來的，產品或服務也就會越賣越好。我還碰過有些人對我說：「喝完這一杯，我就簽訂單。」甚至有一次我在山東碰到一個情況，好幾位大老闆在飯桌上輪番圍著我說：「你跟我們一人喝一杯，你要的訂單或者是你的產品，我們全部買單。」我非常客氣委婉地拒絕了，然後告訴他們說：「如果可以的話，我協助你們做一場培訓，幫你們的銷售團隊講一堂課。」他們開始覺得沒必要，還是執意先把酒喝了再說，但後來我誠誠懇懇地告訴他們，我贈送的這個服務真的可以提升他們的業績，到最後他們不但沒有勉強我喝酒，還把訂單都簽了，隔天我到他們的公司講課，從此我在他們的認知中我是專業的，而不是靠喝酒喝出來的，反而得到他們的敬重。

當你妥協喝酒之後，只要有第一杯就會有無限杯，而且當你把酒喝了，令他們覺得從你這邊可以得到那種唯我獨尊的感覺，對於產品到底好不好，提供的服務是否夠專業，全部拋諸腦後。他們只關心你有沒有讓他們玩得開心，不但不會尊重你，還可能會在簽訂單的時候尋找別的廠商，因為他們認為你不夠專業，只是陪他們玩樂罷了。

　　再者就是如果你的產品真的夠好，或是具備差異性，或真的物美價廉，但就是因為你擺出對訂單的渴求，而讓對方忽略了你的產品及價格的競爭優勢。所以千萬不要採取這種祈求式的銷售法。

　　但也不是你要去和客戶起衝突，或者是讓對方感覺不舒服，如果你讓對方沒有臺階下，即使你沒有錯，但你也失去了這份訂單，更可怕的是如果你跟他爭論，那麼你更是失去了這位客戶。有時候你說的明明是對的，但卻有得到預期的結果，你做的事明明是有道理的，最後卻把事情搞砸了，都是因為溝通能力出問題。當你與人溝通或面對客戶時，建議採取「軟軟的語氣、硬硬的內容」，什麼意思呢？就是「理直氣和」比如你告訴對方：「真的很不好意思，我真的喝不了酒，上次喝一小杯就吐得不行，差點住院。」可能因為你這樣說，對方就不敢再勸你喝，但是你要再次強調並沒有不尊重他的意思。你可以協助他其他服務，比如提供很棒的資料、幫他收集很好的銷售方式、幫他找很多見證、或者是幫助他把東西賣得更好，或者是讓他知道這東西為什麼這麼好的一些文案特點，或是提供其他附加價值等等，事先準備好非常多的額外驚喜，而讓他忘了要叫你喝酒這件事。

　　在日本有一位賣保險的銷售天后，人家叫她「火雞夫人」，因為她經常在耶誕節的時候送客戶火雞，並且在客戶孩子生日時、客戶父母需要醫療服務時，總是給予最多幫助，你說這是不是比喝酒更有效多了，但這不是搖尾乞憐，這叫做軟軟的語氣，告訴客戶你能夠提供給他更多的內容，更多更多的附加價值，而這些是你必須在和對方見面之前就先想好，了解他需要什麼，投其所好，避其所惡，但底線還是要保住。

　　如果你是女性，若客戶對你做出什麼過分的或者是無理的事情，提出

無理的要求，你若接受了，他反而不會尊重你，但是假設你拒絕了，反而他會尊重你。請記得所謂的軟軟的語氣就是說話的方式委婉、委婉、再委婉，但內容堅定、堅定、再堅定，這就是所謂的從乞求式的銷售升級到顧問式的銷售。

顧問式銷售又類似世界金氏紀錄銷售冠軍的喬•吉拉德所說的那句話：「我剛好專業，你剛好需要，所以我是你的最佳選擇！」任何的銷售，不管是食、衣、住、行、娛樂、文具、玩具、食品、百貨、無形產品，不管是線上線下服務，專業絕對是客戶的第一考量。

也許你會說若客戶要的不是專業只是別的呢？就像前文提到的，只是要愚弄你、玩弄你的人，那麼他真的不是你要找的客戶。請記住，你在他們身上是得不到業績的，反而別處會有更多的人能夠提供給你更好的訂單，你不需要放低姿態就能得到你想要的業績。

請記得你要這個訂單不代表你就要放低姿態搖尾乞憐，因為這是最低下的一種銷售與成交的方式，不但不會有好結果，也不會替你帶來好口碑，也很難會有再次的訂單。

古代有一名君王非常喜歡鬥雞，他挑了一隻非常有潛力的雞送給當時最厲害的訓雞師，訓雞師對告訴君王，說：「請君王放心，三個月之後我一定幫君王把這隻雞訓練到全城第一，全市第一，甚至全國第一。」一個月後君王召見訓雞師，這時候君王看到他帶來的雞有點怯懦和害怕，感覺不太行，就問訓雞師：「你訓練得怎麼樣？」訓雞師說：「沒問題，這是一個過程，目前這隻雞正在學習，雖然感覺比較生疏、比較沒有氣勢，但這是一隻有潛力的雞，而且還在學，請放心把牠交給我吧。兩個月後我保證給您一隻全國最厲害的雞。」

　　一個月後君王忍不住又把訓雞師叫過來了，關心道：「現在過了兩個月了狀況怎麼樣，我想看一看。」君王再次看到鬥雞時，發現不得了，這隻雞眼神非常銳利，殺氣騰騰，展現出非常英勇的樣子。看起來好像要把其他所有的雞都比下去了，變得虎虎生風、囂張跋扈，一副很自傲的樣子，君王非常開心地說：「雖然只訓練了兩個月，但我想讓牠下場比賽了。」但訓雞師說：「萬萬不可，這時候鬥雞還不是最理想的，君王再等一個月，當時說好三個月，時間到了就絕對沒問題的。」再過一個月，訓雞師主動帶著雞來向君王回報：「這隻雞已經能打遍天下無敵手，君王可以帶牠去各種比賽了。」君王看到這隻雞竟有點不寒而慄的感覺，因為這隻雞站得非常筆直，眼神中的殺氣沒了，卻有一種神秘低調但是令人震撼的感覺，也不張牙舞爪了，非常穩重自持，讓人感覺具備無比的信心，渾身散發出一股大將之風。一番賽事後，君王的鬥雞果真打遍無敵手。

　　從事銷售工作或者是創業的老闆是不是也都要經歷過這三個階段呢？從一開始初出社會什麼都不懂的一隻弱雞，變成到處學習有很多社會經驗、市場經驗但卻囂張跋扈，最後經過雨露風霜，踩遍煙雨斜陽，一番挫折歷練後，而變得內斂有實力，只要一出手，便知有沒有。把自己磨練到第三個階段，就能夠攻無不克，戰無不敗。記得眼觀四面，耳聽八方，記得做好市場調研，了解客戶需求，知道對方想要什麼，但絕對不要一味地迎和對方。你要讓客戶深刻感受到你的專業，知道你懂他的需求，如此一來，才會吸引到更好的客戶。好的客戶是被你用這樣的方式吸引來的。

 # 如何把產品或服務銷售給比自己層次高的人

　　我剛創業的時候其實是有點盲目自信，甚至有點自傲，但其實是一種自卑，是用自信、自傲來掩飾自己的自卑，為什麼會這樣子呢？那時候我經常被別人說嘴上無毛、辦事不牢，人們主觀以為我年紀太輕了，可能做事不可靠。於是我刻意裝著一副很厲害的樣子，但其實我非常害怕跟幾種人溝通，首先第一種，我很害怕跟美女溝通，偏偏自己太沒自信了，只要是女的看起來都是美女；第二是年紀大比我大的，因為我感覺他們生活經歷、社會經驗都比我豐富，彷彿我說什麼都會被他們看穿，彷彿他們都在跟我說，我吃的鹽比你吃的米還要多。第三是比自己有錢的人。其實前面兩種人就已經占了大部分的人，為什麼呢？因為女性占一半，年紀比我大的人又占一大堆比例。當時年紀太輕，也害怕和有錢人溝通，因為剛創業負債累累，如此一來，幾乎是**99.99%**的人都是我無法和他溝通的人。但到底應該如何做才能夠跟以上這三種人做好溝通呢？

　　我在美國學習催眠課程時，學到一個非常重要的原則就是「想像、假裝、當做是、就是」先想像你是一位在某個領域非常傑出的人，從穿著打扮、說話、言語都先去假裝，然後非常認真地當做自己就是這樣的人，所以最後你就會真的是這樣的人！當時年紀輕，我購置了一套高檔西裝，用熨斗燙得筆挺，頭髮梳得很整齊，練習自己的表情跟眼神，說話非常自然，讓自己看起來就非常專業、像個成功人士，這就是第一個方法。

　　第二個方法，找出在某個領域上，你比對方更強的地方。比如對產品的專業知識，比如對某個方面的了解，你一定有比他知道的更多，巧妙地運用這樣的方式，用自己的專業去了解，去和別人溝通他不夠熟悉的領域。

　　第三個方法就是要持續借力，去找到在某些方面比你更傑出的人，請他來幫你一起談，如此一來就可以把產品跟服務賣給比自己層次更高的人，請記得同時併用以上這三個方法，確實落實徹底。

銷售推銷與營銷行銷的差別

　　銷售推銷與行銷最大的差別是什麼呢？銷售與推銷我們從字面上來看就是去找客戶、去找人，然後希望對方來購買你的產品或服務，或者是讓他採購你的商品，也就是你要把產品介紹給他，也就是所謂的推。所以我們會接到很多推銷電話，以前通訊工具沒有現在這麼發達時，業務都是去掃街、上門銷售，那都是一種推銷。我始終記得自己在那個年代，連手機都沒有，我們都是去街上找人，就是俗稱的掃街、挨家挨戶拜訪。

　　我記得我還曾經每天早上去攔截摩托車推銷我的產品，或者在公車站

牌找我的潛在客戶，一天的拜訪量很有限，因為你並不知道客戶到底有沒有需求，只能碰碰運氣想辦法一天拜訪很多客戶，然後找到有需求的人，這就是所謂的推銷。就像現在我們去找客戶談，其實也是一種推銷，這與行銷有什麼不同呢？

行銷就是讓客戶主動來找我們，但是為什麼客戶會主動來找我們呢？因為你事先大量地把資訊散發出去，不管是演講或是透過本書我所提到的自媒體的方式，讓很多人知道你的訊息，讓有需求的人主動找你，就像一個漏斗一樣，你把漏斗的口開大就可以得到你要的結果。

但有人就會問，那我就用行銷的方式讓客戶主動來找我就好了，就不需要銷售推銷或成交，其實也不是，為什麼呢？因為你必須要不斷地行銷，才能吸引客戶看到這個資訊，然後客戶來找你的時候，你還是要運用銷售成交的技巧，只是此時難度已經降低很多，因為來的人都是有需求的人。大部分業務員最大的問題是花費最大的力氣、最多的時間，最後找到的卻不是精準客戶，或是好不容易推銷成功，但客戶又後悔或潑你冷水，有的還會要求退款、取消交易，這些都是非常浪費時間的。所以當務之急就是想辦法花80%的時間，大量地去散發資訊，尋找並吸引精準的客戶，然後透過銷售與推銷的技巧讓產品的特色、服務的特色展現出來，精準地回答客戶的問題，一而再，再而三地確認客戶的需求，從而做成交易，所以要靠行銷來吸引，靠推銷來成交。然後過濾掉不想要、不精準的客戶，讓成交變得越來越輕鬆。

大部分的人都害怕銷售，不喜歡銷售，討厭銷售，甚至不想做銷售人員、不想接觸市場，明明知道這是一份賺錢的工作，明明知道業績好就能夠賺更多，那為什麼不敢呢？就是因為怕被拒絕或找錯客戶，因為不懂如

何找到對的客戶。但是如果花80%的時間去散發資訊，透過演講和打造自媒體行銷團隊的方式，就可以讓找上門的客戶夠精準，如此一來就不會被拒絕，或者是減少拒絕，若是把這個方式運用在打造團隊方面，不就能打造更多的新銷售模式行銷團隊嗎？大部分銷售團隊無法建立的原因都是因為被拒絕，因為做不起來，但如果能夠持續堅持運用這兩個方式，就可以減少被拒絕。所以請記得用行銷來吸引大量的客戶，讓精準客戶主動找上門，然後透過推銷與成交的技巧，讓客戶購買產品或服務。如此一來就能提升成交率，當然就會有好的結果，請記得一定要再複製下去。因為你所做的每個工作都要不斷思考怎麼去複製，記得去複製。

如何成交大客戶？

多年前我曾經看過一本書《我愛大客戶》，很受啟發，我還運用在工作上面，其實什麼叫大客戶，也就是說你所處的位置、你在的環境、你的公司所賣的產品或服務，可能比你要銷售的客戶還要小，也就是對方比你更大或者是他已經是很大的集團、大規模的公司，甚至是上市公司國際品牌的公司，或者對方一次購買的數量是很大的，而讓你有一種好像要成交他是很困難的，你害怕面對他，就像你在追求一名各方面條件都很優秀的女神，你不敢去面對她，或者是你在追求英俊瀟灑的大明星，你不敢去面對他，但其實別忘了高高在上的女神、大明星也是人，同樣的道理，大客戶也是人，你需要大客戶，大客戶也需要你，只是大客戶能篩選和找到供應商的機會可能比你更多，就像一名條件很好的男性或女性，有比較多的機會尋找更多的對象，但這不代表他不需要對象。俗話說：「花若盛開蝴

蝶自來」所以你要做的工作就是要讓花不斷盛開，還要讓花香傳千里，讓蝴蝶可以聞到，但永遠不要忘記就算你是一朵小花，蝴蝶也需要。小蝴蝶也需要大花，而且並不是所有蝴蝶都想停在大花上面的。

舉例，有些採購人員或者是大公司的老闆，就喜歡和小公司合作，認為小公司有彈性，服務好，價格可能還會比較實惠，唯一要把控的可能是品質，但如果品質也好那就沒問題，但不可排除有人就是喜歡跟大公司合作，喜歡那種門當戶對的感覺，所以每個大客戶喜歡的人不一樣，就像我們找對象，每個人喜歡的角度也不同，每個人想要吃的東西也有不同的口味，所以請記住：你需要大客戶，大客戶也需要你。

我在中國大陸以及東南亞、美國各地都有很多大客戶，他們的公司比我的公司大很多，但他們還是接受我的服務，因為每個人都必須要有教練，麥克·喬丹很會打籃球，但是他還是會有盲點，所以他需要教練。一樣的道理，大公司很大，但也有弱點，也需要有人幫忙找出不足並精進。所以當你要把東西銷售給大客戶，首先就要先認知你需要大客戶，並且大客戶也需要你，這是第一個重點。

再來談到到底誰是大公司或大客戶的關鍵人物，有些是老闆本人，有些是採購部門，所以弄清楚誰是關鍵人物非常重要。找到關鍵人物或者是認識關鍵人物的人，然後徹底了解關鍵人物的需求。再透過持續拜訪、組合型團隊式的拜訪，找出別人無法提供的差異化，讓大客戶能像貴人一樣地欣賞你，覺得你很有潛力的。其實大客戶不見得喜歡跟他一樣這麼大的供應商，有些會喜歡有潛力的，因為誰不是白手起家打拚起來的。我在中國大陸做企業管理顧問輔導及教育培訓公司，當然也服務過規模比我更大的公司，他們之所以會請我做教育訓練管理顧問，原因是什麼呢？最重要

的突破口在於因為他們本身教育訓練的公司也要去爭取外面的訂單，而我所提供的就是協助他們公司做內部的教育訓練，就是找到這個大客戶自己不方便做或是不好做、不願意做的事情。

再舉個例子，我有一位大客戶，是在中國擁有幾千家麵包店的大老闆，為什麼這樣的大老闆會找上我？因為我們的銷售人員一次、兩次、三次、非常多次，透過間接、直接地、面對面與電話、郵件各種方式邀請他來，結果他來了之後，我們提供更好的服務，給他留下專業的印象，後來我們公司就接下了他整個集團好幾年的年度顧問，為什麼他願意呢？因為我們公司邀請的海外講師、導師是非常頂尖且專業的，是他所需求的。請注意這裡有好幾個重點，包含我們的員工持續跟進，包含了我們有他所需求的海外傑出專業的師資，於是他將整個集團的教育培訓都包給我們了。

請記得：給客戶所要的，而不是我們想賣的。我曾經帶領上海很有名的製造業及汽車公司到日本開研討會。我得知這位老闆非常欣賞日本豐田汽車的管理方式，於是我們請了日本豐田汽車的核心團隊，然後把這家汽車公司的高管團隊全部帶到日本去參加集訓及參觀，當然他們自己來辦也是有能力的，但是那位老闆把我們公司視為就是他的公司的教育訓練部門，雖然他們自己可以做，但不如我們公司專業及有時間做完善規劃。所以了解大客戶到底需求什麼是非常重要的，除了了解之外一定要做足功課，知道他要什麼以及他不要什麼，然後多次拜訪。一定要花很多時間做事前準備的工作，而不是隨意出擊，更不是隨意去談。

當然我還協助過一家上海連鎖餐飲集團，它旗下有火鍋及自助餐店兩個品項，分店有好幾百家，他們的目標是上市，於是邀請我做集團的內部培訓。我與他們的老闆及有決策權的高管，經過多次的溝通，並且他們

還來公司學習，後來把整個集團在上市前的教育培訓與管理顧問發包給我們，後來這家公司在還未上市之前，竟然來了一個急轉彎，把公司賣給比它更大的一家上市公司，當然這位大老闆也非常開心，因為成功被併購了，也獲得了一大筆的利潤。

　　現在請你列出你想要找的大客戶名單，先不自我設限，即使不可能也可以列。列出十個到三十個大客戶的名單，然後看看有沒有人可以聯繫他或者是透過關係第二層、第三層去聯繫，記得要找到決策人及老闆，徹底了解他的需求，然後找時間進行第一次溝通，這可能要花一點時間，但也有可能一下就完成了，這些都是說不準的。請記得，你愛大客戶，大客戶也愛你，你需要大客戶，大客戶也需要你，說不定他正在找你，正在找像你這樣的供應商，他正在找像你這樣的人或者是產品。當你突破第一個口之後，就會找到很多的大客戶。我之所以能做成大型集團企業管理顧問就是因為找到了第一家，當然後面就有第二家、第三家，因為你有了更有力的見證。

　　當客戶感覺到你還沒有很有力的見證或成績時，請不要對他說謊，老老實實地告訴對方你有什麼優點、缺點，缺點可以怎麼改進，如何彌補跟補償，而優點是如何能夠幫助他解決他的問題，如此一來你就很有可能談成第一家大客戶。賺窮人的錢會越賺越窮，賺有錢人的錢會越賺越有錢，當你成功做成一筆大客戶訂單後，你會一直想開發更大的客戶，因為大客戶身邊都會有很多比他更大的客戶，然後你就會對找大客戶上癮了。

 專注細分市場

　　如果你正在創業或是你想創業，甚至你只是想做小生意，在目前競爭激烈的情況之下，市場同質性產品及競爭這麼大的情況下，你想做的或許已經很多人做了，所以你首先要做的就是不斷聚焦細分，然後再聚焦細分。我記得我曾經協助過一家做服裝的新創公司，他在課堂上請教我說：「老師我要怎麼樣去重新做定位？」因為我在課堂上提到定位就是定天下。他問我要如何去定他的天下。我問他你是做什麼呢？他說他是做服裝生意的，我說你做什麼服裝生意，他說我們服裝種類很多，有男裝、有女裝，我再問是工廠還是銷售終端？他說有工廠也有門店、網店。我接著問是做什麼樣的服裝，男裝、女裝還是童裝，他說他們什麼都能做，什麼都有。「什麼都能做，什麼都有」代表什麼都沒有，我再問什麼類向做得最好？他說都很好，他其實是做男裝起家，我再問你們是做什麼樣男裝，他說西裝也做，套裝也做，工作服也做。我又問那最擅長的是什麼？他說他們的西裝做得特別漂亮，是半手工跟半機械化的，我再問能大量生產嗎？他說沒問題。接著我再問：「那到底什麼是你在西裝裡面做得最好的？」他說開始是做襯衫起家，我說：「太好了，那麼你就做襯衫，把襯衫當成你的爆品，當成你的最重要的宣傳品，讓別人一聽到你的公司，就知道你是做襯衫的。」但他一臉擔憂地說：「如果只做襯衫會不會太窄了？」我對他說：「在過去你可以什麼都做，但現在你要重新打造品牌，你必須找到細分化，再細分化的領域。」

　　我繼續問他什麼做得最好，買的人最多，他說一開始都會想買襯衫，不管男女，都會想要買白襯衫，我說太好了，那你就專注做白襯衫，他說

可是白襯衫會不會太小了，太窄了，我說你可以賣其他的所有東西，但要讓人們對你的公司有印象就是知道你是做白襯衫的。我再問他：「那白襯衫有很多種類嗎？」他說有不同的領子，不同的白，我說太好了，你的公司的品牌格言就是「專做白襯衫」。他說那只有白襯衫，人們買完就不買了，怎麼辦呢？我說你可以把白襯衫打造成有十種領子，還可以做訂制款，還可以有不同的白，米白、淺白、暗紋、線條，有太多的樣式。但你要讓消費者知道你是白襯衫的專家，所以你要把你的公司在這個競爭激烈的情況之下做得更專業化，專業化代表更細分化，再細分一點，讓別人印象深刻。當時在市面上有家公司專門做白色T恤的，非常成功，這也是一種細分化領域的思維。

比如你開餐廳能不能只主打一道菜，比如酸菜魚、辣子雞；如果你做服裝生意，就類似先前我所說的縮小一下你的範圍，如專門做比較胖的人的衣服、或是只做瑜伽服。如果是賣房子再縮小範圍到只賣公寓、或者是只做樓中樓。如果是做裝修的，專門打造陽臺，或是做盆栽租賃，就是一個非常清楚的定位。當然如果你是做教育的，那麼專注在某一個細分化再細分化的領域，娛樂也是一樣。

請記得要讓人們一想到你就想到你鮮明的特色。這就是在競爭激烈的情況之下，能夠更深地去挖一個品牌定位。你可以什麼都有，但請記得讓別人只記得你的一個特色，其他的等來了之後再慢慢發現。如果你想找老婆，讓別人記得你非常富有或者是讓別人記得你非常專情；如果你想找老公，讓別人記得你很漂亮、很會打扮，或是讓人記得你行事周到能夠持家，其他的優點等交往之後再慢慢發現吧，這就是所謂的細分化市場。

 創新就是把目前最好的變成更好

　　最好的商業模式通常誕生在最兵荒馬亂的時代，但最好的商業模式並不是憑空誕生的，它是經過不斷改良、修正、再改良，舉個例子，為什麼會有智慧型手機？就是因為以前有按鍵式的手機，更早有大哥大、呼叫器，再更早就是市內電話，再往前推可能就是飛鴿傳書，或古代的五百里加急，也就是說手機並不是平白無故誕生出來的，而是一代一代進化來的。如果你想發明更好的產品、更創新的模式或更創新的商業制度，最好的方法就是去模仿，模仿只是初步，創新才是永恆。

　　觀今宜鑑古，無古不成今。以史為鏡，可以知興替，以銅為鏡可以正衣冠。如果你想要發明出更好的，不管是產品或商業模式或者是制度，都是需要大量參考過去的狀況。但矛盾的是如果你用過去的狀況、過去的模式、過去的產品是沒有辦法成功的，因為人沒有辦法在現在的社會，用過去的想法去面對未來的時代，大部分你所知道的東西都是已經被別人知道了。在這個時代你想做一件事達成一個目標，賣一個產品提供一個服務，是很難成功的，因為你所知道的已經不是新聞而是舊聞，所以你必須把舊聞再改變成更新的任何一件事。

　　成功有所謂的天時地利人和，所以現在用過去的方法不見得能成功，還是需要不斷改良，這就是為什麼有時候我鼓勵學生要到現場來聽課，而不能只看書，因為書上寫的可能都已經是舊知識了，其實從作者把它寫出來、印製完成到書店上架，當你買到書可能已經超過一年以上的時間。有些資訊可能就過時了。但有做總比沒好沒做好，有看總比沒看好，有看還是更好，因為有些人都還沒有看過，但更快的方法就是直接聽別人說或者

是有人帶著你做，有導師帶或是成功人士帶著你，這是最好的。

想要擁有更好的產品，更好的模式，就是去模仿，然後去創新，依照現在的天時地利人和不斷精進。日本的孫正義從小就喜歡發明，他每天強迫自己要有一個新的發明，而這個發明並不是憑空捏造。比如隨身聽的由來就是在收音機加上耳機就變成隨身聽，這就是所謂的模仿，只是初步創新才是永恆，你要問自己如果你是一名產品研發者的話，那麼每天都要有一點新的發明，一段時間之後你就會發明出一個完整的東西，如果你是一個商業運營者，那麼你就要問自己哪裡可以再調整一下，這個調整就是一種發明，當天時地利人和都湊齊時，你這個發明就會成功了。

找到自己在銷售鏈條中的位置

假設你所做的行業跟公司是屬於消費型的產品，你就可以按照這樣的方式來尋找自己銷售鏈條的位置。比如你要在以下鏈條內找到自己適合及喜歡做的一項，比如列名單、暖身、邀約、會前會、會中會、會後會、成交、跟進、服務、轉介紹……在這個過程中，你希望能在哪個部分發揮？

比如有些人非常會收集名單，但是他不擅長約人；有些人非常會約人，但是約完之後就沒下文了；有些人溝通能力非常強，但是他卻找不出來人，他只能幫別人溝通；有些人非常會談專業知識，但他卻不敢收錢成交；有些人很會跟別人熱絡，擅長建立親和共識，但是他卻不知道怎麼樣去引導及切入主題；有些人一開始就切入主題，但最後還是不敢收錢，不敢做會後會的成交；有些人非常擅長做跟進，有些人非常喜歡去輔導，跟別人聊天溝通，解決別人的問題；有些人非常適合去關懷團隊，就像軍中

的輔導長一樣，知道怎麼樣去照顧團隊成員的心理，傾聽別人的問題再去輔導，這些其實都叫做銷售鏈條的其中一環。

還有些人喜歡通過演講來吸引客戶，有些人會透過FB貼文，有些人通過直播在IG或抖音上面做分享，讓別人主動來找他。有些人可以透過出書吸引很多讀者來參加簽書會，有些人還會唱歌、有些人喜歡開店，這些都是收集名單的一種方式。在銷售鏈條裡尋找到一個適合你並且你喜歡的位置，那些你做不來的或做不到的，就去找合適的人組成團隊形成互補，這就是所謂的在銷售鏈條裡尋找自己適當位置最好的方法。

請記得銷售並不是你所想像的推銷，也不是你所想像的就是賣東西，而是有很多的細節，可以切割成這麼多的工作崗位與任務，找到自己適合的，然後建立團隊，大家一起做，就能夠人盡其才，物盡其利、地盡其便，貨暢其流，人人發揮自己的天才，找到自己適合的位置。

介紹人是成交的重要關鍵

如果你要與大客戶見面、溝通，想和老闆直接談，可能你連人都見不著……，這個時候你就要去思考，你可以通過誰找誰，再找誰，再找誰。你身邊一定有你認識的人，他認識某一個人，然後他再認識某一個人，尋找有力的人士幫你做推薦，請他寫推薦信、幫你建一個群、幫你做事前的溝通鋪墊，就像媒人婆一樣，要說男方有多好，女方有多好，最後見面的時候就是一種驚喜surprise。如果少了這個媒人婆，男女雙方自己見面，氣氛就會很尷尬，而且雙方都不知道對方的背景，所以必須要有介紹人，你身邊要有幾個介紹人，可以隨時幫你介紹不同的客戶，不同的人或者是

不同的人脈關係。我之前從臺灣到中國發展時，也有介紹人幫我介紹大陸的好朋友，我到東南亞發展的時候也是找了介紹人，到美國發展，也有很多英文比我更好的海外人脈來幫我打點一切，但是如果我都自己去找，那效果就會大打折扣。所以在你要做任何事之前最好先找到推薦人。

不是不跟你買，是沒聽懂

就算你要出一本書也要找到一些人幫你推薦，你要見一個人也要找到人幫你引薦，你要進一所好的學校還要找到老師願意推薦，你要找到一份好的工作，你要找的介紹人就具備舉足輕重的重要關鍵。我曾輔導一家健康產業的公司，我建議他們採訪錄製產品使用前後的一百個文字、影片及照片的見證。很多老闆都對自己的產品很有信心，認為自己的產品及服務非常好，天下無敵，世界第一，但為什麼就是不賣呢？不是說酒香不怕巷子深嗎？其實很多人根本就不知道你到底在賣什麼、銷售什麼，並且能夠帶給別人真正的價值，甚至都聽不太清楚你所說的，比如你的表達方式有問題，比如你的溝通方式有問題，比如你講得太專業、你說的可能不是對方想要的、你切入產品的切入點不是對方的需求點，但是你的產品有這樣的功能，你卻沒有談到他的需求，所以大部分最後沒有成交的，都是因為你沒有講清楚，但最可怕的是你認為你講清楚了，也就是你用你想說的方式去講，比如你是產品研發者，用專業的方式去講，而不是客戶的需求語言，比如有些銷售的高手舌燦蓮花，說得頭頭是道，但人們想要了解的是專業。所以這時候你還是要先了解對方到底需要什麼，從他的需求裡面去找出適配的產品。

 ## 成為像老闆一樣高層次的銷售高手

電影《麻雀變鳳凰》的男主角是李察‧吉爾，女主角是茱莉亞‧羅伯茲。這部電影令我感觸最深的是李察‧吉爾手拿當時最流行的大哥大，乘坐直升機找到了他的夢中情人茱莉亞‧羅伯茲。劇中女主角是一位風塵女子，總是幻想著能夠去名牌店買很多名牌包包，幻想著有一天自己能夠買名牌包，喝威士忌，男主角不但有自己的私人飛機，而且專做很大生意，拿著大哥大談幾億美金的生意，但其實他的身份也就是一名超級業務員。所以當業務員並不可恥，因為像這樣的業務員還能夠拯救在風塵打滾中的女子，其實他所談的生意，他所做的事情，就是業務員所做的事。

所以老闆就是業務員，業務工作就是老闆。首先你必須先調整自己的心態，清楚知道原來談生意就是在做銷售員，做銷售員其實就是在談生意，從你的穿著，從你的內心，從你的眼神，從你的一舉一動，從你手上的那個大哥大開始改變，你也可以非常高檔地成為超級講師。很多人因為喜歡跟你溝通聊天，他們求著購買你的產品，所以你的身份其實就是老師、就是老闆，就是你在挑他，而不是他挑你的高級 sales，如果你能夠有這樣的外形，內心有這樣的感覺，有這樣的狀態，那麼你就不是那個在一般人眼中那種油膩的、讓人討厭的、只會黏著你的那種唯利是圖的業務員。

其實在本質上不管是蘋果公司的 CEO，還是在路邊賣保健品的新人，本質上都是業務員，只要認清楚這一點，你就可以讓你所從事的銷售工作高級起來，不用拉低身段求人，反而還是別人求著你，如果你在賣汽車，想像你就是高級的法拉利汽車老闆，如果你在賣房子想像自己就是豪

宅的介紹人。如果你在賣健康食品，你就是讓人免於疾病與亞健康的天使。如果你在賣電腦，你就是讓人進入高科技的夢幻使者。所以不管你在賣什麼，首先讓自己高端起來，從你的穿著到你的內心，從提升自信到給別人的感覺。

我有時候會開玩笑說你需要的是一支好的手錶，或者你需要的是一個名牌包包，因為讓別人感覺到你是頂級人士非常重要，雖然有一句現實的話，叫做「有錢人想安全，沒錢人想賺錢」，但有時候或許現實的生活社會就是如此，我的意思並不是你要去裝虛偽，但是至少乾淨整潔的穿著、整齊的外型、清爽有型的髮型……這都是必備的條件。

 ## 組織行銷

這裡所說的組織行銷，其實奠定在最好的業務員就是客戶，客戶就是最好的業務員。很多企業增設合法的直銷部門也是很好的方式，在我輔導的企業裡也有很多成功的案例，若讀者希望成為這樣的白手起家及零成本創業的創業者，絕對是不需要太多投入，卻可以學到很多，絕對是擁有齊頭式平等的成功機會，若有這樣需求的朋友也歡迎與我聯繫。聯繫信箱：sam1713006978@qq.com，我可以為你做最好的推薦，並且這絕對不是一個小生意，也能讓你再次從失意中爬起來，甚至能助你再創人生與事業高峰。

客戶使用公司的產品或服務後很喜歡，體驗很棒，於是主動向親朋推薦時，就會特別有力度，並且是真實的想法，是客戶真心想去推薦給別人使用。就好像看了一部電影《侏羅紀公園》很好看，就開心地推薦朋友去

看，並不需要什麼報酬或者是為了什麼好處而去做。

組織行銷也是通過這樣的方式，不論是賣什麼產品，如果可以讓客戶變成業務員去分享介紹，那力度就更強了，但這個時候有人會感覺到，本來只是單純分享沒有什麼好處，但是一旦有好處就變得很彆扭，甚至就不想去分享了，感覺像是在賺朋友的錢。但隨著時代進步，以台灣來講，透過類似組織行銷的方式大家擁有共同的利益，像汽車、房地產、保險、直銷也都是可以學習很多基本的銷售業務能力以及練習領導帶領團隊的方式，建議初出社會的年輕人也可以試試，只要能夠確定是合法並且有好的領導者來帶領，其實也是很不錯的選擇，當然也可以把它當成是兼職的方式來學習，或者是做得好的時候，當專職來做也可以。而你也不要小看像這樣的事業，因為它所帶來的獲利不見得會比投資土地、廠房設備等傳統企業少，如果有機會接觸類似這樣的直銷事業、保險事業，或者是房地產事業，汽車行業等等之類的零售行業，包括組織行銷的方式，還是可以試試，因為這一類的公司的教育訓練其實是非常完整有系統的，但要特別注意千萬不要參與到非法的或者是強調返利的、或政府禁止的，或是純粹拉人頭的、不合當地法令……等，為什麼我說如果公司是合法的，而且產品是好的，就可以考慮參與，因為有一句話說：「沒有永遠的朋友，沒有永遠的敵人，但是只有永遠的利益共同體。」組織行銷的好處就在於透過合法的制度讓人人都有好處，等於是你在協助團隊產生好處，透過共同利益的捆綁再加上公司有很好的教育訓練、良好的客戶服務，而不強調只是大量存貨，因為有很多不肖公司會讓他的會員一次買非常多，但就是銷不出去，以至於錢都花在進貨上面，其實這樣的方式就值得考量。

只要產品或服務自己用得順手，並且公司的理念正當且合法，當你在

這樣的公司進行所謂的創業，其實就跟真正當老闆差別不大，十分建議可以透過這樣的方式來賺取第一桶金，甚至創造事業的第二春，創事業高峰，因為它的風險畢竟還是比較低的。此外請特別小心那種類似消費返利或者是龐氏騙局，只要是違反當地法律的，就千萬不要做。

組織行銷的確是一種非常好的方式。因為透過團隊產生相互的利益，那就能夠產生相互之間更多的幫助。就像中國大陸的華為，幾乎每個人都是股東，這就是華為之所以成功的主要原因。假設你是企業的老闆，你也可以在符合法律的情況之下設計類似這樣的股東結構，或者是你到了一個類似做組織行銷的公司。在這樣的團隊裡面，非常重要的就是教育訓練，對公司、對產品有相當程度的熱愛與信任、更有實際的好處，選擇對的公司，還要找到對的領導者，我相信讓客戶變成業務員，或許業務員也是最好的客戶，這也是很不錯的行銷方式。

 ## 賣產品的附加價值

賣產品的附加價值，就是讓客戶深刻的感覺到：除了本身產品之外，還得到非常吸引人的附加價值。消費行為研究指出，有不少人會為了附加價值而購買主要的產品，還記得我們小時候常吃的零食「乖乖」，裡面都會附送小玩具，很多小朋友都是為了想要裡面的玩具而買乖乖，但不管你是為了玩具，還是為了裡面的食物，最後兩者都得到了，這就是所謂的產品的附加價值。任何行業都可以通過這樣的方式來增加產品的附加價值，比如你是銷售汽車或你是賣保險，你可以用自己的服務成為附加價值。例如當客戶向你購買一台汽車，你可以提供很好的汽車專業知識跟服務，或

者是當客戶車子需要保養時，你提供最好的建議給他，這就是附加價值，當主產品差不多，而競爭又非常激烈時，這個時候比的就是附加價值。所以不管你的主產品是什麼，你都要去思考，自己能夠提供哪些不一樣的附加價值，才能讓你的公司更具競爭力。

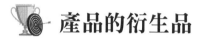 產品的衍生品

所謂產品的衍生品就是賣雞蛋的人也可以賣蛋餅，賣牛奶的人可以提供給奶茶店做原料，這就是所謂的衍生品。同樣性質的產品，有些人可以把價格賣得非常的低，產品確實完全一模一樣，有些競爭同行可能會以為他們打的是產品價格戰，於是也跟著把產品價格壓低，但其實對方並不打算從產品本身賺錢，他打的算盤是想從衍生產品中賺錢。

有一家寵物店施行了一種行銷策略，就是可以免費把寵物狗、寵物貓帶回家，只要繳一筆押金就可以帶回家養三十天，歸還寵物時會退回押金，可以說是免費的。於是這個方案一推出就吸引很多人洽詢，沒多久就有五十組客人開心地抱著小狗、小貓回家。在辦理將小狗小貓領回家的手續，還需要購買小狗小貓的飼料，於是就算三十天之後，客人把小狗小貓還回來，但其實店家已成功銷售出狗糧、貓糧，已有收入進帳，而且一個月後有約有三成的客人會想把小狗小貓留下繼續養。因為在這三十天內，已經和小狗小貓產生了感情，尤其是那些家裡有孩子的，都吵著不要將寵物送走，不想還給老闆。所以會有三成的寵物售出，而且還有後續寵物狗、寵物貓的飼料銷售，這就是所謂的賣產品的衍生品，達到不銷而銷。

永遠要有新名單

老客戶介紹客戶雖然是很好的方法，不論你是銷售什麼產品，通常我們會碰到一個問題，就是老客戶很難主動幫我們介紹客戶，或是老客戶已經買過太多次我們的產品，或者是老客戶不願意再幫我們介紹客戶，也有可能是老客戶在你剛開始做銷售的時候，因為你的服務做得不到位，令客戶沒有美好的消費體驗，沒有給客戶留下深刻印象，以至於老客戶很難幫你介紹新客戶。

你必須要不斷有新客戶，持續有新客戶，如果你沒有持續的新客戶，那麼老客戶也很難被你不斷地啟動。這裡所說的老客戶就是曾經消費過一次的客戶，而你要開發新的市場就必須要擁有新客戶，而且做生意就是要持續不斷地開發新客戶，因為老客戶有太多的變數，雖然你要花很多時間來維護，但有時候如果沒有開發新客戶，你就進不了新市場，沒有辦法把新產品賣掉。

早年我從臺北到高雄、台中去開拓市場，那個時候我積極去做街頭銷售，去向路過的人介紹我的產品，每天告訴自己一定要認識五個人，後來我自己創業開公司，我還記得我在天橋下等人下來然後上前向他介紹我的產品，後來我也帶著我的團隊這麼做，學會陌生市場的開發，如今這些方法，雖然已經過時了，或許不是最好的方式，但原則還是不變：就是要持續開發新客戶。

我到中國大陸發展時，一開始我是先出一本書，然後把書賣給對書有興趣的人，書中會附上折價券，讓客戶來聽我們的產品說明會，聽完之後有人就會購買，然後把這個方式不斷複製出去，這個方法到目前為止還是

很好用的。此外,還有很多衍生的方法,比如我寫歌、拍攝微電影及短視頻,或者是通過前文我們已經談到的自媒體行銷,都能讓很多的客戶知道我們的產品與服務,然後就會有人持續來找我們。

尤其是你想要進入新市場,或者是你有新產品想發表,或你想要重新開始的時候。就像是你要找一個新的男朋友或女朋友,你要不斷地去開發新客戶,可能你要去新的地方認識新的人,有新的人脈跟交友圈,這樣子才能夠有更多的選擇性。

我在上海就有幾次重新出發的經驗。有一次我與合夥人拆夥,然後我在上海的黃浦江旁邊列出目前我所認識的人的名單,把名單分成ABC等級,最後找出3A級的人,一通一通電話過濾,最後找出對我有興趣,希望能夠跟我合作,願意跟我溝通,感覺比較熱情的人,就積極和對方約見面,然後從中找出幾位大客戶及好的夥伴,因此就可以東山再起,有一個新的突破口。

有新名單、新人脈、新的交際圈,你才會有新的突破口,尤其是你要開發新市場或者是你要東山再起,或你有新產品,你都必須這麼做。請告訴自己天天都要認識新的人,有新的名單。出書也好,演講也好,線上直播也好,參加活動也好,線上線下不拘,即使你認識的人很多,名單很多,團隊很大了,客戶很多了,仍然要這麼做,因為就像地球天天有人出生,有人死亡,這樣子才能夠保持地球食物鏈生態圈的平衡發展,而對於創業銷售或者是任何工作而言都是一樣的道理。

現在就請列出你的名單,寫下目前不管你是想合作或者是想要提供給他產品或服務列出10個人,照我剛才講的方式列出ABC等級以及最好的3A級的人,至少每個月你都必須這麼做一次,你就會有源源不斷的新名

單，永遠有開發不完的市場。從一對一衍生出一對多的演講機會，從自媒體的營銷矩陣裡吸引對你的產品及服務感興趣的人，從會議招商會裡過濾出對你的公司或產品有興趣的人，再從線上導線下，也從線下在導線上，造成巨大的矩陣！然後再不斷列名單，每月、每週，或是到新市場及有新產品的時候，持續地列出十大名單，就是最好、最強的方法！

        名單   等級   電話

1 _____

2 _____

3 _____

4 _____

5 _____

6 _____

7 _____

8 _____

9 _____

10 _____

 賣的不是產品而是資訊的落差

　　時代不斷在變，我們從以前的產品導向時代，到如今有好產品那是正常、基本的，如果你的產品不夠優秀，肯定會被市場所淘汰。即使你的產品非常好，因為差異化比較小，或者就算品質真得很好，一般人比較難一眼看出到底是好在哪裡，以至於連深入了解的時間都沒有，讓人體驗的機會都沒有，就更難進入引導消費者購買產品的階段了。比如，我到中國大陸授課時，我帶著全臺灣及美國最新的資訊，受到眾多總裁老闆的歡迎。後來多年過去了，競爭者紛紛冒出來，他們模仿我們，且價格賣得比我們低，沒有實戰經驗，品質也不怎麼好。但是可能有一些優點，比如在地化比較方便學習，比如優化更多的細節流程，比如提供更好的條件給合作夥伴來邀請我們舊有的客戶跟經銷代理商，這些都可能會讓客戶和我們的合作夥伴轉而和他們合作。

　　所以當別人無法明確知道你的產品或服務到底有何差異和獨特的時候，客戶是就連了解的機會都沒有，更別說購買或合作了，這時你要想的是如何再找下一個藍海市場，如何再找下一個空白市場，有人說空白市場哪有那麼好找，沒錯，但是現在有網路，你或許可以通過網路再去另外一個市場呢？

　　我從臺灣到中國，後來從中國到東南亞成立公司，又從東南亞到美國發展，我在中國大陸時，講授了許多臺灣的管理經驗跟美國的先進的管理經驗，我到東南亞時提到很多臺灣跟中國的經驗，我到美國時談到很多臺灣、中國和東南亞的經驗，甚至教授臺灣人如何進入中國市場的經驗，後來我到澳大利亞也講這些經驗，並且把它變成系統，這些就是人們都沒聽

過的，就像我常說到的一句經典名言：「知道的人賺不知道的人的錢，先知道的人賺後知道的人的錢，多知道的人，賺少知道的人的錢。」所以不知道才是賺不到錢最重要的原因，這就是所謂的「資訊落差」。

銷售產品時也一樣，不是換個地方，就是換個目標客群，或是換個產品，而不是你生產出多優秀的產品，因為當別人90分你可能可以到達98分，當別人97分，你可能可以到達99分，但是如果客戶並不知道你的存在，不知道還有更優秀的你，在他看來反正都是90分以上，也看不出什麼差異來，所以如果只是比價格、比品質、比服務，那麼就陷入所謂的紅海市場，記得我們要永遠開創出無人競爭的市場，說的並不是要擁有多好的產品，主要還是看這個地方有多少競爭者，這才是你可以分到市場份額最重要的關鍵。

當供給大於需求或者是競爭者多於提供者的時候，那麼這個市場就太滿了，就必須去尋找新市場了，可以線上、線下同時尋找新市場，可以透過直播尋找新市場，關鍵就是去找你的空白市場，讓競爭更少，這樣會推動得更容易。

實體通路就是直播與體驗的場景

中國在這短短的幾十年，可以說是透過網路做到了所謂的彎道超車，大幅度提升人民的所得和整個國家民生。與此同時也造成了一些挑戰跟困難，例如人們現在大多是在實體店看到中意的商品，就去網上購買；因生存型態的轉變很多餐廳也開始做起外賣或冷凍產品，人們只是把實體店當成是一個參觀的地方。但為什麼不能就順勢而為，把你的實體店變成是一

個場景呢？甚至把它變成是一個直播場地，比如開服裝店，你可以轉型成人們主要在網上購買，還能在體驗店試穿，然後在工廠或者是體驗店架起直播，我相信這些都是基本配備。有位直播主原本是在路邊攤炒麵，他一時興起就邊炒麵邊開直播，後來發現原來直播有打賞，或是因開直播所賣出去的產品，竟然比炒菜賣的還更多，所以炒菜不能不炒，但賺的錢可能不是來自於炒菜。

在未來實體店面都會是一個體驗場所，是一個交流平台，是一個見面的地方，比如粉絲見面會，比如展示場所。雖然還是要有實體店，但是形態轉變了，消費者可以從這裡購買，也可以從網上購買，請記得線上線下的結合就是把你的店面變成是一個交易的地方、聯絡感情的地方及社交的地方。我在臺灣輔導一家企業，他們是做健康食品和有機水產養殖。產品都是非常好的東西，完全符合健康標準，而且也透過組織行銷做得非常成功，雖然不是我輔導的公司裡面最大的，但是我認為這家公司非常有潛力，他們還經營火鍋店，雖然火鍋店也能賺錢，當消費者到火鍋店用餐，體驗有機水產，自然就成了會員，我還規劃了在火鍋店裡面可以三餐吃火鍋，然後晚上時間宵夜場還辦類似像民歌演唱，下午還可以提供咖啡，晚上變成酒吧，但是這些都是場景，就是把火鍋店變成是一個場景，通過直播、辦活動來吸引客群，但是真正賺錢的是來自於組織行銷，就是所謂的衍生品，所以請記得不要只看到事情表面，而且要看到事情的背面，不要以為別人是這樣賺錢的，其實它可能有另外一個賺錢的方式。請記得有時候衍生品可能比本來的產品賺更多，但流量就是銷量。所以把你的實體店變成是場景，這樣才是所謂的新零售的結合線上線下真正的媒體。

最令人害怕的就是唯利是圖的現實銷售員

只有朋友才會跟朋友購買產品，只有朋友才會相信朋友加入朋友的團隊，所以如果對方拒絕買產品、不加入你的團隊，就表示他還不認為你是他的朋友，在銷售裡面有一種方法叫做關係銷售，也就是跟你關係好的人，不管你賣什麼產品，他都會跟你買，關係跟你很麻吉的人，不管你想要做什麼他也都會跟著你做，反之亦然。因此我們要深刻告誡自己不要成為那種現實唯利是圖的銷售員，不然就算別人勉強買了你的產品，勉強加入你的團隊，也不會持續，更不會成為你的團隊一員。

很多業務員經常是一碰到人就會立即向人介紹自己的產品，就向對方分享自己的團隊有多好，其實這些舉動都非常令人反感的，因為對方所感受到的並不是你要介紹好的產品、好的團隊、好的機會給他，他所感受到的是你之所以叫他買產品是為了業績，想增加收入；叫他加入你的團隊是為了產生績效、產生收入，所以人們看到、感受到的並不是你的關心，而是你的現實。所以請記住：先交朋友，先建立好的關係，將大量的資訊傳送出去，找到你想要的人，找到想要你的人，這時候成交就水到渠成了。

請畫出你的最容易影響的十個人為你的第一圈，然後第二圈、第三圈，第一圈就是在你能影響的人裡最有實力的，第二圈就是最願意幫助你的及能幫你轉介紹資源的，第三圈才是擁有以上任一條件的，所以請隨時列出三個關係圈層，隨時調整並經過測試隨時採取行動。接著把焦點放在如何增加第一圈的關係層，如何做一個在前端的漏斗來找到精準的目標客群，因為有流量才有銷量！

讓客戶感覺到你是真心為他著想

在我的課堂上及本書都有談到用空軍行銷的方式來尋找、過濾、淘汰、挑選、吸引精準的客戶，然後用組建陸軍商戰團隊的方式來邀請人，找到經過篩選之後的精準客戶，然後用海軍也就是會議型式，包括線上線下的方式，讓客戶來購買你的產品或服務。這樣的方式稱為「推拉法則」，什麼叫「推拉法則」呢？推就是把不適合的客戶往外推，只把焦點跟時間精力花在有機會成為你的客戶的人身上，就是剛才所謂的空軍策略。當他是你的準客戶時也不代表他會主動購買或者是採購你的產品或服務，這時你就要進入到推銷的銷售與成交的技巧，因為市場上類似的東西非常多，顧客根本無法分辨你的東西好不好。我經常遇過不少老闆在課堂上推薦自家的產品有多好，我總是開玩笑說：「聽你們這麼說，我都覺得好像是起死回生的長生不老藥，好到幾乎是世界第一。」客戶之所以不買其實有很多的因素，可能是他不了解，或他拿其他的產品來比較，這個時候你就必須要運用推的法則，或是你自己或是有團隊其他人一起配合，來讓客戶感受到你滿滿的誠意，並且是真心為他著想以及你希望他可以成為你生意上的夥伴的決心。

我記得在我剛創業沒多久時，代銷一個跟旅遊相關的產品，記得那個時候正巧發生921大地震，這個大地震震倒了很多房子和大樓，並導致大停電，造成很多的人員傷亡。那時候我剛創業，公司開始有起色，9月21日那天凌晨1點多，我的公司還燈火通明，有幾位客戶還在我公司諮詢這個產品。我身為老闆，也下來跟客戶談我們的產品跟服務，突然感覺到一陣天搖地動，沒有錯，發生了地震，但因為臺灣時常有地震發生，我們也

不以為意，但客戶嚇得站了起來，我連忙說：「沒事、沒事，快請坐，臺灣的地震晃一晃就過了，怎麼可能會出大事呢？總不能大樓倒了吧……」話還沒說完，我隔壁的大樓真的倒塌了。客戶嚇壞了，我也嚇壞了。後來他站起來要走。因為安全問題，我陪著他走下樓梯，他感動地說你們公司從老闆到員工的精神真的太令人佩服了，我想明天決定吧！因為停電了，我們就在一片黑的樓梯間繼續討論公司產品，走到樓下後，我們選了一個安全的地方，繼續談相關細節，客戶還陸續問了一些問題，最後這位準客戶購買了我們的產品，或許也才幾萬塊的產品，但是團隊的人都覺得老闆真的瘋了，太有決心了，最重要的是客戶也覺得這家公司真的太值得學習了，於是當天他就去提款機領錢付清款項。而且還是我騎著摩托車，帶他找了好幾台提款機才把錢領出來。因為那個年代還不流行用信用卡，當然也沒有什麼微信支付或者是其他的支付方式。這筆單之所以成交是客戶被我堅定不移的決心所打動。後來我成立了教育訓練管理顧問公司，不少客戶對我說：「貴公司的團隊，真的太有決心、太有耐心了，姑且不論能否從老師身上學到多少東西，但是我們真的很想知道貴公司是如何把團隊訓練得這麼有狼性。」當然我的意思並不是說你要去騷擾客戶，或是不顧安危抓著客戶持續談，而是你必須讓客戶感受到你態度，不管他買與不買，成交與否，你誠懇為他著想，堅定的眼神與決心，幫他下決定的態度，其實都會讓客戶感受到你們對自己的產品或服務很有信心，令他們很放心、安心。但不是你對每個客戶都必須做到如此，而是經過我剛才所說的，經過篩選、過濾、淘汰確認過客戶有購買意願，這時你就可以充分展現拉的原則。

不要自己一個人談客戶

　　不管去哪裡跟誰談，賣什麼產品，做什麼服務，至少要有兩個人一起，因為即使要退，就還有餘地，假設不小心談砸了，另外一個人也許還能補救，說不定對方喜歡你的性格，不喜歡另一人的性格，或者是喜歡你同伴的性格，不喜歡你的性格。所以互相的互補就很重要，當另外一個人給對方感覺不好的時候，說不定你就可以彌補過來，或者是當你想要出一個價格，讓對方感覺不好，另一個人就有彌補的機會。至少還有商量的餘地，還有進退空間。請記得不管你賣什麼都要兩個人一起出擊，有些人習慣自己單槍匹馬，覺得這樣比較方便，但是可能你沒享受過兩個人一起談有多麼美好。但也要找到對的搭檔，或許有時候你無法一下子就找到，但你可以不斷去試、去磨合。我常說人生最快的成功方法叫做「按步就班」，唯一的捷徑就是「與人合作」。做任何事請記得找到別人合作，至少可以互相鼓勵打氣，才不會一個人孤掌難鳴，永遠記得團結就是力量。

要善用紙筆分析

　　所謂的用紙筆分析或者是用電腦寫下來都非常重要，而如今還有更便捷的語音方式，但用紙筆書寫記錄雖然比較傳統，卻是很有效的方法，因為這會讓你的客戶感覺到你的誠意，不管時代多進步，紙筆永遠是不錯的方法。在電子郵件Email往來已是普遍的今日，若是偶爾有一、兩封信是用心手寫的，你會不會立即感受到對方滿滿的誠意呢？當然在與客戶溝通時，如果你隨時都準備一個本子，當對方說什麼，你立即說一句「讓我把

它記下來」，然後在他面前仔細記錄下來，一方面幫助你記憶，知道怎麼去和對方溝通，一方面也讓對方感覺到你很重視他，並且在你書寫的時候他會看著你記起來的東西。然後你一條一條寫下來之後，把問題一條一條解決，當問題都被一一解決後，就是你們成交的時候，就是對方同意購買或者是加入你團隊，或者是你想要讓他達成的結果的時候，所以要善用這句話「讓我把它寫下來」。在輔導團隊、與人溝通，希望能達成某個結果的時候，都可以好好運用這個方法。

- ✅ 步驟一：找一個環優美及適合的地方並要有足夠的時間（至少兩個小時不受干擾）
- ✅ 步驟二：選擇一個可以專心洽談的位置
- ✅ 步驟三：有良好的氣氛、音樂、咖啡或茶及餐食
- ✅ 步驟四：輕鬆閒談彼此喜歡的話題或敘舊
- ✅ 步驟五：慢慢聊到重點與主題
- ✅ 步驟六：用紙筆寫下三到六個對方關心的問題
- ✅ 步驟七：徹底解決以上的問題並再三確認問題已解決
- ✅ 步驟八：具體合作方案確認
- ✅ 步驟九：約定下次見面的時間及合作細節與具體計畫
- ✅ 步驟十：留下非常好的感覺及請對方轉介紹合作對象三位

換個環境就買了

環境非常重要，比如你想和老闆談加薪、你想向情人求婚、你想讓你的客戶買產品、你想邀入加入你的團隊，都要選一個適合的地方，或許是

一個環境優美的地方，或許是對方會喜歡的地方，有人喜歡熱鬧，有人喜歡安靜，有人喜歡湖邊、有人喜歡在街邊的咖啡廳、有人喜歡在吵雜的Disco。當你感覺到這個環境不行的時候，記得換下一個環境試試看，因為或許換個環境，換個心情，換個感覺，對方可能就願意接納跟採納你的想法和建議。

雖然我不會打麻將，但我曾聽打麻將的人說，當你手氣不好時，換個位置手氣就會好了，其實所換的不是位置，而是一種磁場，那是一種不同的感覺，而是一種從另外一個角度試試看，所以你跟任何人談任何事的時候，都可以採取這樣的技巧跟方法。有時候夫妻兩人吵架，到外地度假就和好了，就是因為換個環境，氣場磁場不同了，可能事情就對了，結果也對了，甚至換成站姿或改成坐著，或換個沙發坐或喝個咖啡，反正換個感覺非常重要！

100％成交來自事前分析客戶名單

不打沒把握的仗，知己知彼、百戰百勝，勝兵先勝而後求戰，敗兵先戰而後求勝。以上所說的都是事前的分析，你可以用100種方法對一種人，就是不要用一種方法對100種人。所以要先做客戶分析，投其所好，避其所惡，不要說對方不喜歡的話，不要做對方不喜歡的事。

我曾經看過一部電影，內容是說一個男人如何去追求一個女孩子，首先是了解她的需求，了解她都跟誰在一起，了解她喜歡去哪家健身中心，哪個瑜珈館、游泳池，喜歡去哪家商場逛街，然後在那名女孩子喜歡的地方創造好幾次的偶遇，那名女孩就會覺得怎麼跟你那麼有緣，好像是上

輩子修來的福氣跟緣分這麼樣的契合，雖然這只是一個電影，卻真實地說明了人們會感覺到跟你一樣喜歡聽某一首歌，跟你一樣喜歡看某一個電視劇，喜歡穿某個品牌的衣服，都會讓物以類聚、人以群分，頻率相同，同頻、共鳴、共振、共贏、共生、共存，也就會有一樣的想法，對方就能夠接受你所給他的建議、推薦的產品或服務。

做好事前調查，事前的準備占成功的八成，和別人談生意前，記得一定要分析此時此刻、這個地點、這個人，是否適合邀請他來了解你的公司、你的服務、你的產品，這個時候適合還是之後適合，明天適合還是下週適合，要約他或者他的家人一起來嗎？還是讓他自己來就好，約在什麼地方？在什麼餐廳？要不要一起用餐？還要去哪裡？有沒有要續攤，這些都非常重要，預先做好事前預防，做好大部分的事前準備，成交就是水到渠成。記住，事前簡單，事後就麻煩，事前麻煩，事後就簡單！

成交與否只有時間問題

通常我從家裡到公司那段走路十幾分鐘的距離，就是我可以接任何人電話的時候，因為那段時間是我比較空閒的時間，以前有一些我不想接的電話，那個時候我都會接起來，代表什麼呢？代表你打電話給別人，你跟別人聯繫，你想要讓別人購買你的產品，你想要約會，想要找某個人出去，其實並不是他不要，而是那個時間剛好不適合。但你不知道他什麼時間適合，所以你就要再三的確認，事前的信息溝通或者是有多次的嘗試，剛好會找到適合的點，千萬不要認為你打給他，他掛你電話，就表示他討厭你，說不定他那時候正在跟他的另一半吵架呢，也許那時候他正在罵小

孩呢，都有可能，不是嗎？

　　所以，成交是有時間的問題，有時候是客戶在考驗你有沒有恒心，有沒有毅力。想想看假設你打算買車，有一個人天天掛著笑臉地對你說、耐心地向你溝通、介紹，但是你現在還不想，但之後當你有一天有需要了，想要買時會不會找他呢？當然會吧！相反地假設你當下沒決定要買，他就對你擺臉色，我想日後當你想要買的時候，你也不會找他買，而且你還會在心中暗自慶幸，幸好沒買，不然這麼現實的人跟他買了以後，不就沒有售後服務了？所以，成交只是時間問題，你要找可以立刻成交的客戶，你要找小客戶、也要找大客戶、也要找要很久才會成交的客戶，也要找馬上就有結果的客戶，你要多方面雙管齊下地進行，還要有備胎方案，如此一來才會源源不斷地創造良性迴圈。

預判客戶的需求

　　列名單以及判斷客戶、了解客戶、分析客戶、研究客戶，這一系列的工作要佔後面談的比例總和的80%以上，做好事前的準備，事情的佈局占80%。如果你帶領的是業務銷售團隊，你還要協助他去研究客戶的名單，可以從FORMDHT下手：

- F就是客戶的家庭狀況
- O就是客戶的工作、事業、職業生涯規劃
- R就是客戶的休閒娛樂
- M就是客戶的財務收入狀況
- D就是客戶的夢想、願景、目標

- H就是客戶的健康狀況（這裡還包含他的家人）
- T就是客戶一天24小時的時間分配

如果你能夠了解客戶到這種程度，就能投其所好，避其所惡，給他想要的而不是他所不要的，請記得是他要的不是你要的，要先能滿足別人的需求，對方才會滿足你所要的。

我學生時代曾經發生一件很有趣的事，就是班上有一位和我交情非常好的女同學，算是我的女性朋友，在我生日的時候送給我了一堆Hello Kitty的玩偶。因為當時很流行去便利商店收集各種不同的Hello Kitty，這位女同學說她跑了將近三四十家便利店，才搜集到九隻不同的Hello Kitty，在她送給我的時候，可以說是非常地興奮，為什麼呢？因為她自己很喜歡，就認為我應該也會很喜歡，開心地叫我當場打開，我打開一看一陣苦笑，因為我不知道該回答什麼，我不是不喜歡，而是這不是我想要的，然後她非常驚喜地跟我說，這是她跑了幾十家店才找到的。禮物拿回家後我也不知道該怎麼處理它，放床頭感覺很奇怪，處理掉又覺得對不起人家。所以她認為她自己很喜歡的，就覺得我也會喜歡的。就像你不會給魚吃牛排一樣，即使你再怎麼喜歡吃牛排，你也不會把剛煮好的牛排給魚吃，因為魚要吃的不是牛排，是魚飼料！

 ## 找到共同點與需求點

共同點能讓人們感覺與你很親近，需求點則是能讓你知道別人想要什麼，在了解客戶的需求跟了解你和客戶的共同點之前，先不要去推銷任何的產品，也不要跟客戶說你到底在賣什麼，否則很容易讓對方反感，有時

候有人在賣某一種產品，一見到人就說他東西有多好多好，但人們所聽到的並不是他東西有多好多好，而是他多想賺你的錢，對嗎？所以共同點所說的叫做親和共識，共同點是說有沒有一些可以聊到一塊的地方。

比如你們都是宜蘭人，比如你們都畢業於某一所大學，比如你們有一位共同的朋友，比如你們有一些共同的愛好……如果不知道你與對方的共同點是什麼的話，可以從前文提到的，從FORMDHT聊天公式裡面去尋找你們之間的共同點，因為很多人說：「老師，你是一個口才非常好的人，你是一個頭腦反應非常快的人，你的邏輯思考非常強，而且你很有天分，你是天生的作家、天生的演說家、天生的管理者、天生的企業家……。」其實錯了，我並不是！小時候我曾經休學兩年，導致我有些自卑，以至於不太愛說話，坐電梯總是站到角落，到教室總是坐在不起眼的邊邊，在一個陌生的場合總是不說話，還有人覺得我有自閉症，但其實我當時只是自卑心作祟。

任何人都可以透過學習而改變，任何事都可透通過學習而成長。很少有天生的天才，就像愛迪生說的，那都是因為**99%**的努力。因為我不太會跟別人聊天，於是一開始我就透過FORMDHT公式主動找人聊天，久了之後就自然知道該怎麼做了。其實任何的學問到最後都是心理學。因為了解自己的心理，了解別人的心理，才能夠無所不能。任何的公司，到最後都是教育訓練公司，因為每家公司都需要人，而人就是必須通過教育訓練來做改變，所以你必須要去了解別人的想法，交到真正的朋友。在這裡所說的並不是只是因為做生意而交朋友，而是真正了解對方的需求，然後給對方真正想要的，或許你會說那萬一我公司的產品或服務不是他想要的，怎麼辦呢？其實就算不是他需求的，但客戶也會有朋友，朋友的朋友

或許就有需求，又或者剛才我所說的，我們是透過所謂的空軍的方式、自媒體的方式、演講的方式，出書行銷的方式去找到需要你產品的人，把資訊大量地散播出去，如此一來，會主動找來的，通常都已經有這樣的需求，而不是強買強賣、強勢的推銷，這都會讓人非常反感的。

就像我們不喜歡看廣告，希望趕快播完或是跳過去。但有些廣告做得很好，它講述了一個故事，會令人想看下去，只在廣告最後跳出一行字，寫著它的產品，很多很不錯的廣告，都具備這樣的特性，所以先了解別人跟你之間有什麼樣的共同點，思考如何拉近距離，真正交上朋友，發自內心地去關心別人，說不定你還沒主動問他，他就跟你提：「我可以跟你合作嗎？我可以購買你的產品嗎？」請記得真心地關懷、關心與理解，真心地建立親和共識，真心去結交朋友，因為朋友才會跟朋友買。

設定全年度的成交點，給客戶買單的理由

每一個人都需要一個購買的理由，比如結婚買鑽戒、端午節買粽子、中秋節買月餅、情人節送鮮花、過年買年節禮、生日送生日禮物，還有所謂的雙11購物節，就可以大肆的shopping，這些都是給客戶一個購買的理由。

其實人們在買東西的時候都會有罪惡感，有時候會覺得自己是不是不應該買。我看過健身房，曾經寫過一句宣傳語：「現在的你一定會感激未來健身後的你」對的，那都是給客戶一個購買的理由。

你必須給客戶下決定及購買的理由，在全年度的行銷計畫裡面，你必須把明年一整年的所有節日、假日都列出來，然後規劃針對這些節日你要

推出什麼樣的促銷方案？或者是你的週年慶、年中慶要怎麼辦？這樣算下來，一年其實有上百個節日。我公司的業務遍及全球，我記得我看到公司在馬來西亞做了很多促銷的時候，當我把所有的節日列出來，才發現不可思議，裡面還有印度的節日、馬來人的節日、華人的節日、廣東人的節日。而在美國還有所謂的獨立戰爭的紀念日、華盛頓的誕生日，所以如果你把這些所有的節日全都列出來，而每個節日提出一個促銷方案，就是給客戶購買的理由。

請記得人們喜歡別人幫他下決定，因為他們害怕做出決定，而你所推出的折扣或促銷方案，就是給對方一個下決定的理由，每個點都是你的成交點，都是你的業績提升節點。就像outlet乾脆就是讓客戶知道不用等到特殊假日都有折扣，天天都是你的買點，就像有些飯店所說的天天都便宜，那都是給客戶一個購買的理由。所以現在就列出一整年度的所有節日、創始人生日……這些都是一種成交點。其實這些成交點設定完之後，一年三百六十五天好像有三百天，甚至三百三十天，客戶都有理由來購買，給客戶立刻購買的理由，讓他知道在這一天下決定，才有最好的優惠、最好的折扣，或者是擁有最好的品質、有特殊的套餐服務。

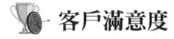 客戶滿意度

簡單來說，客戶的期望值減掉客戶實際的獲得的，就等於客戶滿意度！重點就是這個客戶期望值！有時候為了行銷免不了會過度誇大不實，因為過度的宣傳而導致不是你的產品服務不好，而是想像得太美好了，但最終現實並沒有那麼美好，那怎麼辦呢？

　　舉例，有些人對婚姻有非常大的憧憬，有些男人說我要讓你當全世界最幸福的女人，有些女人覺得只要嫁給白馬王子就可以過著快樂幸福的日子。但結婚之後，生活盡是柴米油鹽醬醋茶，發現兩人在很多習慣都是不一樣的，這就是行銷上所說的客戶的期望值。所以在這裡我們建議可以把好的一面和可能會產生問題的一面對客戶做好溝通與說明，但有人說這樣子會不會影響到客戶的購買意願呢？其實在行銷五花八門的時代，有時候如果你跟客戶講清楚，告知可能會產生的問題，或許清清楚楚地說明白，反而會讓客戶對你更有信賴感，覺得你很誠實、很真誠。

　　有些來上總裁班的老闆會問我：「難道我學了三天，學了線上的課程半年、一年，就真的會銷售、會演說，可以跟老師一樣會帶團隊，就能成功致富了嗎？」這時我會把好處告訴他：「你可以學到如何提升自己的口才，可以學到過去曾經幾十年沒有學過的技巧，可以學到你從來沒想過的東西，可能可以提升百分之七十到八十，但還達不到百分之百，另外百分之三十、二十還是要靠持續學習練習，不斷地複習，才能夠得到。」

　　有人問，那你們的課程有沒有百分百滿意保證，也就是如果學不會就可以退款嗎？我說我們以前曾經推出這樣的服務，但現在我們決定收回這樣的服務，因為合作老師說：「如果學不會包退，那麼學員在學習的時候就不會認真，我怎麼可能保證他學得會呢？」但我們推出另一種服務，就是就算學員學不會，還是可以免費回來複訓三～六次，直到學會為止。讓客戶覺得雖然沒有學不會包退，但是可以持續學，這樣效果是不是更好、更真誠呢？是的，因為我們明確告知可能產生的風險，並且說明有人一輩子從來沒有學過演講並且很害怕，但是學完三天，就可以讓未來的三十年把過去的三十年都磨滅掉嗎？那也不太可能，畢竟就像你的車子積很多

碳，一下子把碳排光之後，那麼繼續開的車，還是會積碳，還是要回來定期修理和保養。不能因為這輛車是法拉利就永遠不用保養，但它的性能是比較好的，分析利弊得失之後，讓客戶明白其實利還是大於弊，還是很值得的，就能增加客戶的購買意願。

 ## 客戶背後到底要表達什麼？

不論你是賣有形的產品或是無形的服務，都必須列出客戶可能會問的10到100個問題（客戶為什麼要跟我買的一百個理由、客戶為什麼要加入我的團隊的一百個理由），對這些問題準備好清楚詳細的解答，並文字化，製成標準版並且時常更新。

幾十年來，我在世界各地輔導不少公司、上市企業或者是跨國集團，即使是小公司、個體戶，我發現客戶會問的問題差不多就是那幾個，比如太貴了、比如已經有了、比如考慮看看、比如跟家人商量、跟董事會討論。類似這樣的問題幾乎就是所有產品會產生的共同問題。

所以如果全公司的人都聚起來列出10～100個問題，並且把具體的答案研究出來並徹底學會與運用，就可以很清楚了解到公司到底會出什麼樣的產品，將面對什麼樣的問題，以及要如何解決它。

但我認為大部分的問題其實都出自於同一個問題，就是「價值與價格」，也就是到底這個產品的價值有沒有讓客戶感覺超越它的價格。銷售任何產品時，一定要去思考：產品的價值有沒有讓客戶感覺到大於它的價格5倍。假設你的產品價格是200元，你要問自己：若是要讓客戶感覺到這個產品有1000元的價值，那麼你應該對產品做哪些具體的改良，包

裝、品質以及哪些是可以提升。有時候並不是因為你的產品賣得太便宜而沒有人買，而是因為你的產品賣得太便宜或者是人們根本就不知道這個產品有多少價值，大部分的問題都是價值跟價格的問題，請記得永遠沒有價格問題，只有價值問題。

人們會覺得太貴，永遠都是價值問題，當產品的價值大於價格時，人們會爭相購買，當價值小於價格的時，就乏人問津，這是千古不變的道理，當然還有很多的問題，比如要去跟家人商量，比如需要考慮貨比三家，都是一樣的道理，但是大部分的問題都是從價值與價格這個部分衍生出來的。

不管你賣的是產品還是服務，有形的還是無形的，都要列出 10~100 個客戶經常問的問題，你可以自己跟團隊共同一起來討論所有的問題和答案，並且定期每年或新產品推出的時候找出標準的版本

Thinking & Action

1.

2.

3.

PART
2

商場贏家
生存力

01 本業外賺錢法則

在未來要賺本業以外的錢
才能真正賺到錢

　　在過去不論是個人賺錢或者是開店、開公司的賺錢公式，都叫做收入減掉支出等於利潤，再扣除相關的稅就是淨利。而現在賺錢的方式有很大的轉變。我們可以把這種方式叫做互聯網思維，而如今不論你做什麼事都要擁有互聯網思維。

　　例如王老闆開的是書店，如今書店感覺已經是傳統行業，去書店看書的人變少了，因為網路資訊太豐富，現代人都習慣從網上查資料，就漸漸不去看書了，或者是在線上把書給買了，所以逛書店的人就漸漸變少了。

　　我給王老闆的建議是，找出最有特色及差異化的書。他說他的書店有很多的參考書，就是考公務員、公職人員的參考書，我讓他主打這種考公務員的書，並且可以免費借閱，也就是只要繳比如500元押金，就可以免費借閱考公務員的書，只要如期歸還即可，押金還會全退，沒有任何的費用！

　　老闆娘於是問：「這樣子要賺什麼錢？生意都不好了，還給別人免費，那不是更慘嗎？」首先這樣做的第一個優點就是聚焦了，因為不管做什麼生意，在競爭激烈的商業環境，細分化領域非常重要，也就是要更專業化。如此一來大家都知道這家書店專賣參考書，而且是聚焦在考公務人

員的書。不管做什麼行業都要有一個標籤，也就是打造你的店、你的公司以及你個人的標籤及定位。像在中國大陸或者在東南亞很多國家，我都在教別人如何建立團隊、如何演說、如何做銷售。而前十年我又成功地做了很多大中小型企業的企業顧問，所以就有公司幫我添上一個標籤叫做最貴的企業諮詢管理顧問。因為我的收費是比較高的，由於標榜是最貴，一方面可以篩選掉一些預算不足的客戶，一方面也讓有預算的客戶知道我們的品質是高檔的，我們是勞斯萊斯級的管理顧問公司。

又回到王老闆的例子，首先讓書店重新定位，聚焦及細分化領域，以專門銷售公務人員的參考書為主。只要交押金就可以免費借閱，退還的時候可以退還押金，如此書店就擁有現金流，而每個人在租借的時候都會登錄個人資料，於是就可以得到很多客戶的資料。這個時代流量就是銷量，要先想的是如何引流，如何讓客戶走進店門或者是走進你的網站或者是進到你的手機 APP 下載，這些都稱之為流量。

雖然你在銷售書這部分不賺錢，但是能從別的地方賺回來。就像麥當勞幾十年前就有這樣的思維，表面上看起來是在賣漢堡，但其實做的是房地產的生意。或者星巴克有好幾年賣杯子賺的利潤都比咖啡更多。我還曾經輔導過一間連鎖髮廊美容院，旗下有幾百家分店，早年這些分店都用買的，所以後來就算美髮店人工變貴、成本變高、競爭更激烈，美容院本身不怎麼賺錢，但房地產的增值就已經賺足了。只是這個時代可能沒有辦法再透過房地產的倍速紅利來賺錢。所以你可以賺別人看不懂的錢，就是把自己的賣的產品變成好像沒賺錢甚至賠錢，別人看起來好像是虧本的，但其實他們的錢早就從房地產賺回來了。

王老闆的例子也是一樣，當王老闆因為這樣的方式取得很多想考公務

人員的資料，他還可以和專門做公務員考試的補習班合作，幫他們介紹客戶，我想如果你是補習班，你一定很樂意回饋給王老闆很多的利潤，因為王老闆幫他介紹了客戶，省去了廣告費。因此這個時候王老闆賺的錢不是從開書店賺的，書店只是一個引流的門店，大部分方獲利都來自補習班，但他又不需要自己經營，就可以擁有補習班。

同樣的方式，還可以去思考如何和周邊產業的合作，這就是所謂的不用自己開牧場就可以有牛奶喝，就是所謂的天下資源不為我所有，但天下資源皆可為我所用的道理，我們又稱這種方式叫做「互聯網思維」。也就是表面上看起來是在靠這個賺錢，其實並不是在靠這個賺錢，也叫做「賣什麼就不賺什麼的錢」。像是開餐廳，別人來你的餐廳用餐，某道菜的價格非常低甚至免費，就能吸引人潮主動上門消費。但這樣做難道就不怕虧本了嗎？其實只要限定時間，比如每個禮拜一下午的2點到4點，每次只限50人，就可以控制成本，就算當廣告費都值得，最重要的是來的人也就是流量，除了賣現做的餐點，是不是還能賣一些消費者可以帶回家自己做的半成品或是冷凍食品呢？

如果從這裡再賺回來，那不也是一種利潤的來源嗎？但是有一個關鍵就是東西一定要好吃，任何好的商業模式的基礎就是東西一定要好，不然就變成負面的宣傳了。所以現在賺錢的方式已經改變了，不見得是賺收入減掉支出的，或許賺的是現金流，或許賺的叫做「非本行業的錢」。有學員問我，那這樣子會不會很複雜，會不會不聚焦呢？其實。只要你賺的錢是垂直領域的錢，也就是從你的本業或產品延伸出來的就是聚焦，或者是透過A來賺取B方面的錢就不會有這樣的問題。

再舉個例子，有一家連鎖洗衣店已經開業多年，但是由於現在洗衣店

很多，導致生意越來越不好，於是老闆將所有之前曾經在這家洗衣店消費過的客戶名單全部整理出來，因為會去洗衣店洗衣服的客戶，大部分都是住在附近，有所謂的區域性效應，把名單整理出來之後，全部發一個促銷方案給曾經來消費的客人，因為這家洗衣店已經開業多年，所以客人也蠻多的，通過這樣的方式就可以將老客戶重新啟動，什麼方式呢？就是本來洗一件西裝假設要200元，為回饋老客戶，推出洗一套西裝只要50元，50元可能就是洗衣店的藥水成本，幾乎是完全不賺錢的，因為本來去洗衣服的老客戶都知道原來洗西裝要200元，如今看到這個50元的優惠價就會有一部分的人願意回到洗衣店來洗衣服。假設本來有1000名老客戶，有300人願意因為這個優惠而回來洗衣服，你還可以備註因為是特別優惠，所以限自取不外送。而這300人都是自己到店裡面來送衣服並取回，所以就產生了跟客戶接觸的機會，請記得想辦法跟客戶尤其是老客戶有再次見面跟接觸的機會，就會有商機。

　　這個優惠消息一發出去，客人至少要到洗衣店兩次，一次送衣服，一次拿衣服，而在拿衣服的時候，老闆又跟拿衣服的300人說，因為第一次給優惠，所以第二次不可能再優惠這麼多了，再來只能優惠80元，這時候有些人就不想洗了。但是有部分的人還是覺得比本來的200元便宜，還是挺划算的，於是300人當中又有150人願意來消費第二次，同樣是自己送洗及取回。這個時候，再次推出的優惠價是120元！

　　這個時候150人當中，有一部分的人不願意洗，因為變貴了，但是有一部分的人認為還是比原本的200元便宜，於是有100人願意再第三次消費，用一樣的方式已經跟客戶有第六次見面的機會了。所以這100人來取回衣服時，老闆就向客人宣布優惠已經全部結束，但是如果你能夠辦

一張六百元的會員卡，那麼全年都可享有5折優惠，然後再送六百元的折價券，這個時候可能就會有50人辦了會員卡。但在這過程當中有非常多人，又重新被啟動回頭來店裡消費，這個時候如果你在店裡面賣一些衍生性的其他產品，比如衣服的旅行袋或是漂亮的衣架，說不定就又有人買，一方面因為有50人辦了會員卡，就表示這一年至少會來很多次，這樣的模式就稱之為本業外賺錢法則，這也是互聯網思維的重要核心關鍵。

Thinking & Action

1.

2.

3.

瘋狂賺錢法則

02

賺了錢一定要努力花，
花了錢一定要拼命賺！

　　我從十幾歲就出社會工作，半工半讀到二十幾歲創業，到離開臺灣到海外發展。我面對我的工作都是一樣的努力，只是努力的方式不同，使用的工具不同，努力所獲得的報酬不同而已。有很多人常常問我：「老師已經這麼成功了，為何還如此努力呢？」其實，這是一種享受，大汗淋漓之後的感覺，是一種在炎熱夏天吃一片冰涼西瓜的快樂。但重點在於如果沒有夏天的炎熱，就不會感受到冰涼西瓜的爽口。當你不太想努力或想偷懶的時候，應該想著什麼時候是你好不容易解脫的時候，什麼時候是你好不容易脫離苦海的場景。回想當時你是多麼的興奮，你是多麼想好好努力，不管是讀書還是工作，還是去追求一個夢，或者是去挽回一件事，你能不能再多努力一點，想像一下，如果可以再努力三倍你可以怎麼做？如果再努力五倍你會怎麼樣？

　　我曾經在雜誌上看到一篇報導，一位非常知名的臺灣藝人，他非常有錢也非常有名，還非常努力，經常通告滿滿！有一位記者採訪他，問道：「你都已經這麼有錢了，為什麼還要這麼努力呢？」

　　他說：「以前剛出道、默默無聞的時候、在跑龍套的時候、在沒人理、沒人請自己的時候都這麼努力了，當時所賺的錢才一點點，連一個

便當都吃不起,都要分成兩三餐吃。現在可以大魚大肉,給的片酬還這麼高、主持費用這麼多,同工不同酬,為什麼不更努力呢?」

我想這就是有錢人的思維,並不是因為有錢之後才努力,而是努力之後才會有錢!讓我徹底明白什麼叫做努力工作!所以為什麼現在我還是非常努力工作,雖然我也經常享受,讓自己過更好的生活、吃得更好、穿得更好,但是仍然不忘當年自己擺地攤賺不到錢的痛苦掙扎,天天都睡不飽,仍然沒有什麼收入。而現在的報酬比以前多太多了,所以不管你在生活艱苦時或是富有的時候,都別忘了認真工作、努力打拚。有人就會說,都那麼努力,不就一點都不快樂嗎?錯了,有時候在你努力的過程仍然找出時間忙裡偷閒,讓自己享受那種喜悅,這才是真正的快樂!

曾經有些人想要偷懶,說了一個比喻,說是健康是1,所有一切都是0,如果沒有1,那再多的0也沒有意義。我相信很多人應該都聽過這段話!但試問,這到底是真的這麼想,還是拿這個來當藉口呢?如果連努力都沒有,那還有什麼資格過富足的生活?還有什麼資格享受成果呢?這段話本身是沒錯的,但也請不要以此為藉口,因為自己根本就不夠努力,也不是真的是為了健康,甚至熬夜出去玩,然後說:「為了健康還是不要這麼努力吧」其實這些都是藉口!不論你現在情況如何,請問問自己及告訴自己,如果可以再努力三倍,你會選擇如何安排自己的每一天呢?

Thinking & Action

1.

2.

3.

03 產銷並重法則

過度行銷不重視產品與過度
重視產品忽視行銷都會失敗！

　　因為我是銷售業務出身的，不管是什麼產品都會想辦法要把它賣掉，我初創業時，我也認為只要把產品賣掉就好了，因為這樣公司就能生存就有錢賺。所以在那個時候。我代理了一個產品，我不太管產品的內容是什麼，反正感覺應該不錯，然後就努力去銷售，早年我就已鍛煉出很強的銷售本事，在路邊、天橋下、鐵路旁，或者是沿家挨戶，都可以把東西銷售出去。可以說是從早到晚、從晚到早，充分發揮了業務人員不怕累、不怕苦的精神。

　　因為我的堅持與努力就把公司創辦起來了，也賺到了一些錢，建立的團隊及公司越開越大。然而四年多之後的某一天公司倒閉了，因為我所代理的產品出了問題，不但對不起客戶、團隊，自己也受到連累賠光了錢，公司也因此而倒閉。數百人的團隊，在全台灣好多個城市都有分公司，就在一夕之間結束了。這時我才徹底明白，原來產品是公司真正的根本和命脈。有時候過度的行銷銷售是銷售人員的致命傷，但過度的只重視產品及研發而不重視行銷是研發人員的致命傷。所以做任何工作，都要在產品和行銷之間求取平衡，並不斷提醒自己，銷售重要、產品更重要，產品重要，銷售更重要！

Thinking & Action

1.

2.

3.

04 同理不可證法則

成功難以複製，很多現在才學的都已經是沒用而且過時的資訊！

　　課堂上時常會有學員問我：「老師你寫了這麼多書。我們是不是看書就好了？或者是看看網上許多免費的資訊就可以了？這樣是不是可以節省更多的時間和學費呢？」其實出一本書從作者把文字寫完整，有人需要寫幾年、幾個禮拜、幾個月，文稿寫好之後要交給出版社校稿。最後還要印刷成冊，上架到書店或者是網上，要讓大家有機會在書店看到，可能已經是半年、一年，甚至更久的時間。若是在中國大陸出版那就更久了，一本書出版到最後上架，可能需要一兩年以上的時間，所以我們所看到的成書，不管是電子書或者是實體書，至少都是幾個月以後的事了。但時代日新月異，瞬息萬變，有時候所看到的就不見得能夠馬上用到的，而本書所談到很多是通則，都是任何時間都適用的，但有些學問太晚知道就過時了。所以我們應該要學的是，在最快、最短的時間之內獲得最新資訊。就像我出版的《即將失傳的生存力》裡所寫的，知道的人賺這不知道的人的錢，但是早知道的人賺晚知道的人的錢，有時候知道的早一點就是你未來十年致富的關鍵。

　　從臺灣到上海的前幾年，每一年我都花錢請人幫我從台灣訂書寄到上海，為什麼呢？因為當時臺灣的書出版的速度比中國快多了，而我要爭取

的就是時間，雖然多了一些運費、多了一些麻煩，但是爭取了時間，而時間大於金錢。

小時候我曾經看過王永慶傳、比爾‧蓋茲傳、李嘉誠傳，一開始看完之後非常興奮，覺得舜何人也、禹何人也、有為者亦若是！好像自己也能做到，但是王永慶賣米成功、比爾‧蓋茲發明了微軟、李嘉誠做塑膠，而那些令他們發跡的產業，我們現在才做都沒有用了。這代表著做任何事要成功，有所謂的天時、地利、人和，時機非常重要。所以你一定要掌握對的時機，看準未來可能的發展。

很多人問我從臺灣到中國大陸發展到底是如何成功，但我很不好意思地說，其實我自己也不太清楚，因為除了本身的努力學習之外，還加上剛好趕上中國大陸快速發展的紅利時期，就如同你在數十年前在臺北買的房子如今漲了好幾倍，就好像你投資了一些股票，在那個時候剛好大漲，直衝萬點。

所以成功有時候在任何領域，如果只是看別人現在怎麼做是沒有用的，你要思考的是，就自己現在的背景、實際情況下，你應該怎麼做！

成功者看的是未來，失敗者只看過去，而失敗者以為現在的一切是現在造成的，其實現在的一切是過去造成的，而成功者很清楚現在的一切才會造成未來，所以要看的是從現在到未來。你必須去了解最新、最快、最好的資訊。若是你能找到人來帶著你，那是最好的。很多人總是看到股票漲才買，看到別人做什麼就跟著做，其實都已經太晚了，可以模仿但是要考慮狀況的不同，適時適切地進行創新與改變！

The Best
Viability

Thinking & Action

1.

2.

3.

05 識人法則

練習看人、識人，
去支持現在不好卻有潛力的人！

　　不要小瞧了現在比你差的人，也不要過於高看現在比你強的人，即使再大、再優秀的公司也會遇到倒楣事，有能力、有才華的人總會碰到低潮的時候，或是優秀的男性或女性失戀的時候都是你進攻的最好時機。

　　成功有時候比的是減少犯錯，或是犯錯時能夠快速調回正軌，而不是有沒有犯錯。當你看一個人的時候，請想像他未來十年會是怎麼樣？或許你會說我不知道他會怎麼樣啊，但是隨著時間、隨著歲月、隨著你看的越來越多，你會有一種經驗法則的判斷，就像你可以算命一樣，你會發現在你的大腦裡面也有一個統計學，會在你看了諸多人事物之後就會慢慢地變得越來越精準。

　　為什麼常聽人說不聽老人言、吃虧在眼前，還是有點道理的，因為長者看的夠多，他們吃的鹽比吃你吃的飯還多。在這裡所說的長者不見得是年紀大的，而是有豐富經歷或曾經失敗又再爬起來的人，所以如果你是一位領導者，或者是你想要跟某個人在一起，請記得開始想像十年後他會變成什麼樣的人，你也可以練習想像一下他十年前是什麼樣子，現在是什麼樣子。

　　或許你會說，我還是不知道他到底會變成怎麼樣啊？你可以去了解他

的個性，了解他的特質，了解他是否熱愛學習，了解他對事情的看法，了解他是否具備正能量、是否有正面積極的行動力，透過這些觀察慢慢去判斷這個人未來十年後到底會變怎麼樣，而且會越算越準，越來越準，開始做這樣的練習吧！開始學習去看每個人他十年後會變得如何，做這樣的練習，藉此來決定要不要用這個人才，決定要不要跟這個人在一起，這並不是很現實，而是因為你看得很清楚。

Thinking & Action

1.

2.

3.

供需並重法則

06

找需求大而且供給少的生意做，才更有成功的機會！

　　我們總會說某些地方市場很大，某個產品市場很大，做某個行業市場很大，很多人使用！大部分的人都只想到需求，好像很多人都會買，都會來找自己買，或者開玩笑說，跟每個人要一塊錢，地球上有70億人口，那麼你就不就有70億了。但問題是這70億人會不會給你一塊錢呢？要多久你才能收齊呢？可能你窮其一生都辦不到！所以，當你在考慮一項生意的時候，你要思考的是那裡不僅需求大，而且能提供這樣的產品的人還少！也就是競爭者少是重要的關鍵。有些地方一開始競爭者很少，後來變多了，大部分都是如此，所以你要去找下一個地方、下個領域、下一個行業、下個區域、下個空白市場、下個藍海的市場，因為那裡競爭者少，或者你也可以練習自己創造藍海市場。

　　比如把A產品加B產品放在C區域這樣的組合式方式來聯想出哪裡會有更好的商機，這些或許你不是一下子就會，但你要不斷練習、練習，就會越來越明白，輪廓越來越清楚。就好像有人說開餐廳非常好，很多的華僑到海外都會想到開餐廳，因為他們覺得民以食為天，大家總要吃吧，而且它的門檻最低，但是競爭也最多，因為大家都是這麼想的！就好像有人想賣面膜，因為很多人在用面膜，當你看到市場好就興沖沖地去做，通

常會死得很快，因為大家都是這麼想，除非你有考慮到如何做出差異化。記得差異化非常重要，行銷講究差異化，不論你要做什麼，都要問自己：「不是有多好，而是有什麼不一樣！」

　　我經常在課堂上舉個例子，早年周杰倫剛出道、走紅時，大家覺得他的歌聲不如費玉清、他的名氣不如劉德華、他的技巧不如張學友，但是他走的特色叫做不清不楚的咬字及歌聲，後來竟然成為天王中的天王。成龍以前拍功夫片的時候，那個時候所流行的是狄龍、古龍金庸這樣子的武俠人物及武俠劇，但成龍發展出了在任何地方都能打，並且把喜劇加上功夫的元素，竟然成了世界級的天王，這也就是差異化。

　　所以你要不斷練習，不管做任何事都要找出自己的「差異化」。比如你要跟你的情敵競爭女神或男神，想把她娶回家或跟他在一起，你要問自己的並不是你要比競爭者漂亮多少，或比對方帥多少，而是要問自己的是有什麼是不一樣的。你和他的差異化在哪裡，而且是對方無法取代的，而這些想法都可以運用在生活或是工作上。

Thinking & Action

1.

2.

3.

07 創業者必修法則

招商演說、銷售成交、
組建團隊、找到天賦！

　　幾十年的教學，我講過無數的課，教授過無數的主題，但大多數都是圍繞與創業相關的主題，創業就是人生，人生如創業！

　　我自己本身就有幾十年的創業經驗，輔導過多家公司的創業者，幫助過不少小公司成長到大公司，遍及世界各個地方，所以我對創業這件事很有感悟跟體悟。尤其是很多我的學員他們事業規模做得比我大、財富比我多，為什麼還是要請我做協助跟輔導呢？其實，就像麥可‧喬丹也要有教練一樣，每個人都必須要有教練，因為有時候教練會看到你所看不到的盲點或不足。而創業多年，我把所有的技能做一些總結，其中除了財務跟法務之外。有四個非常重要的創業者必修功課，就像車子的四個輪子，一一說明如下：

第一是銷售

　　首先第一個叫做市場行銷也叫做銷售，越是兵荒馬亂的時候，越是屬害、傑出的商業模式誕生的時候。行銷銷售與成交是一門非常重要的實戰課程，很多很屬害的產品，很棒的商家，為什麼最後還是倒閉了呢？就

是因為銷售出了問題。我主張任何人都要學銷售、會銷售、能收錢、敢收錢，銷售等於收入，要收錢自然也要能夠提供好的產品及服務。在我幾十年的行銷課程裡面，我從以前教員工如何去路上找人，怎麼樣去做電話銷售，到做自媒體行銷，不斷精進，所以銷售只會持續更新迭代，永遠不會淘汰，甚至從推銷學到行銷，從主動出擊到讓客戶主動上門、到自媒體行銷，這些銷售的方式都需要不斷的更新與反覆總結，才能更成長與精進。

　　所以你必須要熱愛銷售、喜歡銷售。這是創業者必修的第一門課。雖然有時候我不太想刻意強調銷售，因為這樣感覺好像只注重包裝、宣傳，而不把產品本身做好，但請切記，絕對不是這個意思，而是在你把產品做到極致的時候，也要把行銷做到極致，這是左手與右手均衡的問題。

第二是演講

　　所謂的演講，就是所謂的公眾演說。在我幾十年授課過程中，這門課占非常重要的比例，因為有些人說話詞不達意，說了半天，還是沒能讓人聽明白他想說什麼，所以演講的技巧是每位創辦人、創始人，大公司、小公司及每種身份的人，包括學生、上班族、老闆、員工，做父母的，或做孩子的都要學的，這門功課很重要，但學校卻沒有教！

　　演說的本事，其實就是一對多的溝通，而溝通通往財富之門，所有的問題之所以會成為問題，幾乎都是因為溝通的問題，一對多的溝通讓我的生命改變，可以說是讓我邁向財富自由之路最重要的一個臨界點，演說是能夠大量節省時間，迅速累積財富最重要的關鍵！過去如果你曾經學過，請再繼續學，更精進，並找到最好的老師，如果你不曾學過，無論如何把

這堂課列為你生命中最重要的一堂課,然後努力去學,比學英文更努力十倍,你可能過去沒有學過,沒嚐過甜頭,學了之後你就知道,其實這是改變你目前生活狀況最有效的技能之一,如果你不滿意現在的狀況,這是你改變現狀最重要的關鍵技巧,不管你是什麼身份,這個本事都會讓你收穫未獲取過的財富、快樂、自由,並達成任何的目標與夢想。

 ## 第三是團隊

再來就是團隊,為什麼可以將財務跟法務也包含在團隊裡呢?就像劉備,他的功夫可能不及關雲長,他的謀略可能不及孔明,但他有趙子龍,還有張飛,因為他建立了團隊。有了團隊,你就可以不用樣樣都要懂、樣樣都是最強的。所有的問題都是因為團隊人員不足或團隊人員素質不夠強的問題。就像我的在教導複製CEO,而不是複製一般人。這是一門我所有課程裡面收費最高的,就是因為只要掌握團隊建立的秘訣就可以掌握一切,而我們每個人都還在學習這個秘訣。我曾經向世界第一的領導力大師約翰‧麥斯威爾學習,並且邀請他到中國大陸演講,也曾經邀請美國五星上將包爾將軍到中國演講,都是想協助大家把領導力學好,努力把團隊複製好。

 ## 第四是發現天賦

所謂的發現天賦,你要找到自己的熱情與天才並且找到你的團隊成員的熱情與天才,有句俗話說得好:「人放在適當的位置,人才才不會變成

蠢材。」天生我才必有所用，就是如此。

Thinking & Action

1.

2.

3.

08 賺大錢的萬能法則

$$M=（T*E+P*I+C*L）*S$$

網絡上有一個公式如下：

$$M=（T*E+P*I+C*L）*S$$

M是錢. T是核心團隊. E戰鬥力. P是第二層人員. I是利益. C是客戶. L是忠誠滿意度. S是傳播率

這是賺取巨大財富或完成某個遠大目標或夢想的萬能公式。

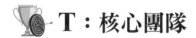 T：核心團隊

第一個最重要的元素就是「T」也就是「核心團隊」，通俗地說，你想要達成一個目標，要有一兩個人支持你，要有三、五個人甚至十大元帥或十八羅漢可以跟你一起打拚，就像很多百億集團、上市公司，剛開始就只有幾個人，他們是賺最多錢的，所以你要創辦或加入一間公司和別人合作或者是去建立一個團隊，獲取最大利益的往往就是最核心的那個人，但坦白說擔最大風險的也是這幾個人。但是如果這個事做成功了，這幾位核心團隊是最重要的，所以核心團隊必須要有超強戰鬥力。

E：戰鬥力

這裡所說的戰鬥力當然包含各種才華、才能,他們可能有法務高手,有律師專家,可能有產品研發的工程師,還可能是市場開發天王、天后,或是經營管理領導的高手、有研發專長的世界頂尖才華,都稱之為叫超強戰鬥力。

P：第二層人員

P所說的是周邊人員,是所謂的第二層的人,就是這個主核心圈的第二圈,而這個圈圈的人,就必須要給他們很好的利益分配,就好像你在設計很多的商業模式,設計很多網路分銷系統的時候一樣,讓第二層的人擁有利益,錢要怎麼賺,都要算清楚,也許他們沒有辦法吃肉,但他們至少必須要讓他們能喝到湯。

C：客戶

客戶就是使用這個產品或服務的人,必須讓他們有良好的體驗感,好到讓客戶能夠一次、兩次、三次、五次的持續願意購買,也就是客戶的忠誠度以及滿意度、回頭率,然後最後客戶願意主動去分享、推薦你的產品或服務。

這就是所謂賺大錢的公式萬能法則。看起來好像很簡單,但是仔細去思量,你會發現,其實任何的大目標、大夢想、小目標、小夢想,甚至要

賺取巨大財富，都要遵循這樣的公式。就是先找到人，找出幾個核心的人，分享大利益、大口吃肉，再來找很多人來喝肉湯，讓喝湯的人也享有利益，最後不斷讓客戶滿意，然後持續去傳播，這個事情大致就成了。

　　請問你的事業有沒有符合這樣的定律呢？請記得第一步。是先找到核心成員，這是關鍵，而不是產品，不是行銷方式，也不是其他的任何東西！人是最重要的關鍵！

Thinking & Action

1.

2.

3.

09 老闆心態法則

做任何工作都要有創業者思維！

大家都說創業非常困難，在過去創業的確很困難，中國大陸有一說法叫做「輕資產創業模式」，所說的就是只要很少的錢就能夠創業，甚至完全不需要出錢，賣出產品之後收到錢才需要發貨，而且發貨也是由廠家代發貨，就是能夠輕輕鬆鬆創業還沒有風險，因為在互聯網時代，網路時代，只要透過網路就可以把生意做到全世界，所以現在當老闆比以前更容易，但相對的競爭也更激烈，自然成長發展也更不容易。

但是即便如此還是有非常多人不管做什麼還是不會成功，主要是因為他們不具備老闆心態。有些人說如果我有老闆的收入，那我就會有老闆的心態。其實要反過來，應該說要有老闆的心態才可能有老闆的收入，就算沒有馬上有老闆的收入，但因為你以老闆心態做事的過程而學到很多東西，最後自己擁有老闆的收入，或者有下一位伯樂賞識而讓大家搶著要你。這就是所謂的花朵盛開、蝴蝶自來！

有人說如果真的確定知道會這麼成功，我就一定努力，但其實是不對的，是要先付出這麼多努力你才會有成功的機會，所以大部分的人都把事情搞反了，你必須先擁有老闆的心態，你要想的是如果你是老闆，你會怎麼做，你會不會節省水電，你會不會主動隨手關燈，你會不會在颱風來的

時候，疫情來的時候，擔心公司的營運狀況是否正常，如果你能這麼做，沒有老闆不喜歡，就算這個老闆看不懂，還會有下個老闆看懂你，就算都看不懂你，你也可以去當老闆，因為你有了老闆的心態。這是需要訓練的，就跟你身體上的某一塊肌肉一樣，是必須要經過訓練的，有人被訓練成有老闆心態的肌肉，有人被訓練成永遠都無法當創業者的心態跟肌肉。沒有錯，這個世界上什麼人都要有，但是為什麼正在閱讀這本書的你，不能是更好的呢？

Thinking & Action

1.

2.

3.

拒絕底薪法則

10

一旦你領了底薪，
大腦將停止思考！

　　凡事一旦開始領類似這種保障類型的底薪，就不可能再有想富有的企圖心，就像一位賣衣服的老闆在逛街的時候看到一件衣服，內心想的是這件衣服的布料、店鋪位置、擺設方式等等，而一個只是想買衣服的消費者，想的只有好不好看？要不要買？一個是資本家的心態，另一個是消費花錢的心態，那是完全不同的行為模式與思考模式！

　　底薪就是你以為短期的安全其實就是長期的危險，比如你以為你只要靠某一個人就好了，但他也許會有難以抗拒的原因、有變心的理由，以致於你不能再依靠他了，就連自己的家人都是如此。所以請記住只有自己才是可靠的，但是自己又不見得可靠，因為自己經常會有錯誤的想法，也不知道能不能靠得住，但首先你必須認同不領底薪，如果你是員工還不如跟老闆溝通成為合作夥伴或代理商，老闆一定覺得好，因為公司沒有固定開銷，但對你而言，你就從打工的人變成合夥人。在未來，會只有合夥人沒有員工，沒有公司只有平台，你可以自己成為平台或者是去加入一個平台都可以！

　　可能有人無法理解如何沒有固定底薪該如何平衡基本開銷呢？但你應該反過來問自己：你如果不修水管的話，你怎麼會有水喝呢？如果你天天

只想著去扛水，那麼一旦沒有體力了，該怎麼辦呢？有些人說那我如果不扛水就餓死了，若是等不到修好水管的那一天怎麼辦呢？那你就要反問自己，你可不可以先扛一點水然後一邊去修水管，這是時間分配跟比例的問題，然後想辦法在某個時間訂定目標，變成修水管的人而不是扛水喝的人。就不是領確定底薪，而是擁有自己創造收入的心態，你不努力是不會有人給你保障的，就算是公務員也是一樣！現在已經沒有鐵飯碗這個說辭了！

請一定要注意一點，當你知道這個月就算不特別努力也會有一筆收入的時候，你是不會有鬥志，然後就會像溫水煮青蛙一樣，等到沒有鬥志與激發潛能的心的時候就已經來不及了。

領底薪無法激發夢想的動力，也不會令你在遇到困難、挫折時，會想方設法去拚博，就是所謂的背水一戰。但我也不是要你去抗拒所有的安全保障，而是說你必須去調配自己的時間，調配自己的精力，調配自己的模式，讓自己從有一點點的安全，然後有很多的不確定，卻能夠創造更多的財富，然後變成那個非固定底薪的財富更多，但是以我自己的狀況來說，由於從小我就知道靠底薪是無法還掉負債的，所以我的大腦裡是永遠沒有底薪這個概念的。

 Thinking & Action

1.

2.

3.

11 賺錢規則法則

賺錢就是企業家與律師、會計師一起玩的遊戲！

　　我很年輕時就開始創業，可以說很早就開始和會計師、律師打交道了，我知道了一個全世界創業者都知道，但是很多人卻完全無法理解的制度，因為大部分的會計制度都是保護創業者的，舉個例子，你領工資、領薪水，領到某個程度，不管是全世界哪個國家的法律都會要求繳交的所得稅可能高達40%以上甚至更多，而且這個薪水並沒有很高，還不至於可以讓人財務自由，但最可怕的是世界各地大部分的有錢人他們繳的稅卻比一般人還要少。為什麼呢？因為那些有錢人都設立公司，然後很多的開銷、費用都可以用消費發票來合法折抵。

　　比如他們租車可以為自己租賓士車，比如他們租房子可以租豪宅，或者租三年的車就可以變成自己的，但這三年租車的費用還可以開發票抵稅，因此你所賺的錢如果是公司收入確實不用交了那麼多稅的，因為有費用可以折抵。我相信這麼簡單的道理很多人都聽懂也很多人知道。但還是有大部分的人被扣了10%、20%、30%、40%以上的所得稅，就是因為他們領的是固定的薪水，稅率最高達40%，幾乎是薪水的一半左右。當然我們鼓勵每個人都要合法繳稅，但是如果你是一名創業者，不管你是創什麼業，都可以通過這樣的方式，讓自己所能夠真正使用的錢是變多的。

或許有人會說，那些租來的車或房子又不是自己的，但請你想一想財富在你的身上就停留那麼一段時間，你只要擁有夠長的使用權就夠了，不見得一定要擁有永久的支配權。這些道理都是我在很小的時候就體會到的，我以為大家都知道，然而很多人都不知道，也以為那是大公司、大老闆很有錢的人才這麼做，錯了，其實當你開始轉變你的財富來源的時候，你就可以開始這麼做了，而不是你有多少錢才這麼做。設立一家公司只需要很少的費用，每個月只需要一點點的記帳費，如果把你的收入轉換成這樣的方式，那麼你就可以透過一些費用、支出來扣抵你的稅務。

我不是專業的會計師，這些還是要請專業的人士做合法的規劃。但是全世界各國法律都是在保護創業者的，所以有錢人都跟會計師討論，甚至更富有的人他們會建立基金、成立信託，將財富延續到下一代，所以下一代就會很有錢，有錢他們就會有資源，他們有資源就會更有錢，而那些沒有錢的人，他們的下一代就會更沒錢，也遺留不到下一代，然後沒辦法上好的學校，結交不到好的人脈，因為沒有資源，所以就會更沒錢，這就是一種惡性循環。或許你會說：很多的窮人也可以翻身啊，像李嘉誠、王永慶學歷也不高啊，其實我們看到的是表面，他們沒拿到文憑不代表他們沒唸書，而且你看他們的下一代，哪個不是去歐美國家留學呢？因為每個人都希望自己的下一代也能拿到一張比較容易勝利的入場券吧！

Thinking & Action

1.

2.

3.

12 東邊不亮西邊亮法則

你要不斷播撒種子才能有不定期的收穫！

2020年起全世界爆發了人類有史以來最大的疫情跟耗時最長、影響最深、幾百年來最大的挑戰。就算慢慢有些地方變好了，但沒多久一下子這邊嚴重了，一下子另外一邊又疫情嚴峻。集團公司有時候這裡賺錢，有時候那裡虧錢了，所以東邊不亮西邊亮法則所說的是，你必須要有備胎，你必須要去發展全世界的市場。

有人說這裡都做不好，怎麼還發展到全世界，錯了！透過網路你就可以這麼做，所以你必須從事自媒體的運營，就像我現在花很多的時間在教授自媒體的運營，也花很多的時間在打造自媒體的運營團隊一樣。請千萬記得，當你不好的時候，那是因為你在好的時候沒有布下一個局，而等到狀況不好時，才想要轉變，根本就來不及，也使不上力。

我剛創業的時候，公司發展得不錯，也賺了很多錢，但後來公司還是倒閉了，整整兩三年我都沒辦法回到以前狀態，因為我沒有在公司營運狀態好的時候去布下一個局。你必須要有下一條S曲線，就像這些年我發展台灣市場、東南亞市場及美國市場，經常一段時間我就要用思維導圖畫出自己的商業布局及人生規劃。包括我在幫助一些企業或個人做規劃時，也是透過畫思維導圖來做出全國及全球布局，以及海陸空的商戰計畫！格局

決定布局，布局決定結局！

Thinking & Action

1.

2.

3.

13 教育命脈法則

再小的小公司也要有
自己的商學院！

多年來我協助很多企業建立商學院，而商學院的前身指的就是公司內部的培訓部門或內訓部門、教育訓練部門。可能有人會想：我的公司看規模很小，甚至是只有一兩個人的小店，有需要培訓部嗎？這裡所指的商學院聽起來好像很厲害、很大，但其實它只是一種稱呼，就像每個家庭也需要商學院，比如你的母親從小給你的教育就是商學院院長對學生的教育，比如一間很小的餐廳，老闆跟員工所說的話就是一種教育，叮囑廚師用心對待每樣食材，是否有過期、是否是劣質品，有沒有注重衛生環境……這些都是給員工的教育。

在這裡所說的商學院只不過聽起來很大，但其實它就是一個影響別人的領導者，每個人都是一位老師，也是一位學生，你在教育什麼、怎麼教育，就會教出什麼樣的人。所以我剛到上海的時候就協助好幾家中國企業成立商學院，他們原本都只有一、二十個員工的規模，到後來有幾家發展成了上市公司，甚至是百億人民幣的集團，因為他們非常重視教育訓練。而企業與企業之間、家庭與家庭之間、國家與國家之間比的都是教育的好壞與強弱。

我所說的培訓部、內訓部，甚至老闆一個人去外面聽聽課，然後跟我

們公司合作，就這樣成立兩三個人的小組訓練部門、教育訓練中心，然後越來越大，甚至後來還在工廠或公司裡設立了正式的學校來持續引進人才及培養人才，並發展成很大的規模，並且這個學校是對外的，可能是類似專科大專這樣的學校，承擔了培養人才、篩選人才、引進人才的功能。所以就算家庭或再小的公司及大企業都需要有商學院做法，就是從老闆自己先開始學起。比如看固定的書舉行集體讀書會、早會，或者是參加外面的課程或者是跟教育訓練公司合作，慢慢建立自己的講師團隊，然後成立自己的商學院。

因為公司與公司之間的差別比的就是教育訓練的品質高低。很多的保險公司為什麼做得非常好？就是因為他們幾乎每天都有教育訓練，很多的直銷公司，為什麼很成功？就是因為從早到晚都提供學習課程。除了銷售性質的行業包含汽車保險，房屋，仲介其實更多的食、衣、住、行、育、樂、高科技、IT產業、傳統產業或網路公司，甚至我去美國矽谷演講、日本東京演講時，再大的世界五百強企業，都非常極度重視教育訓練。

企業及創業其實比的也都是這一家的教育訓練有沒有比另外一家好，因為人才要靠教育訓練。而人才就是公司企業、國家發展的核心，所以再小的公司，再大的公司都需要商學院，從第一步做起。

▲ 協助企業建立商學院、
　打造系統與複製團隊！

Thinking & Action

1.

2.

3.

14 慢即是快法則

世界上最快的速度就是按步就班

　　每個人都免不了會有夢想，如買房子的夢想、或是賺大錢、想退休的夢想、或趕快財務自由、實現夢想、或者是買一台百萬名車或豪宅，於是就希望能夠多賺點錢，甚至希望天上掉下禮物不勞而獲。相信很多人都會有這樣的想法，而我也一樣。我也曾經把錢借給別人，是在我初創業的時候，當時存了不少錢，至少可以買一間房子的全款吧，但我把錢拿去借給別人，因為我想賺取利息。我記得當時對方跟我說他可以給我一年36%的利息，因為銀行只有1%，一年36%，聽起來真是太誘人了，但是我又害怕被騙，所以我就先借給他一點點，然後他就真的如期付給我利息，於是我不斷加碼，後來就把所有的現金全部都借給他，之後大概有半年的時間，我都如期收到利息，每個月都有利息錢領，後來我甚至把所有的本金跟利息全部借給他，真的感覺只要躺著就能賺，在現在的術語俗稱是「躺賺」，坦白說現在我很討厭這個字眼，然後過了大概不到一年的時間，當然結局就跟很多人一樣，人跑了，錢也沒了。

　　其實這個道理我早就懂了，但是誘惑發生在自己身上時仍然無法拒絕，當然從那次之後一直到現在，我相信到未來，我都不會再犯同樣的錯，因為我知道股神華倫巴菲特也不可能做到，他們憑什麼辦得到？所以

請記得當有人可以給你保證利息的時候，若是超過20%，那肯定是違反國家法律的，不管在任何國家都是一樣，你保證那麼高的利息，那肯定就是龐氏騙局，然後拿後面的錢補前面，或許你聽過這個道理也知道這個道理，但是還是忍不住誘惑。

請記得，你想要追求快，有時候就是更慢的，因為你要他的利，他要你的本！就如同你想開公司，鋌而走險，走在灰色地帶與法律邊緣，但最後全軍覆沒。也就是有時候想要用快的方法，事實上是最慢的方法，而有時候一步一步來反而是最快的。我父親創業失敗時，據說是欠了好幾千萬，雖然我也搞不清楚到底欠多少，只知道是一筆三輩子都還不掉的巨款。但我父親總是想著要賺一筆大的，那個時候我在擺地攤，母親也做點塑膠花，黏點聖誕樹，就是兼做很多的手工，所賺的錢雖然一次才幾塊錢的利潤，擺地攤也只能賺幾百元、幾千元，距離那個幾千萬巨額的負債根本就是杯水車薪、微不足道，但是這樣慢慢累積也是讓我們還清了。有時候當你一步一步走的時候，就會發現你可以找到奔跑的機會、當你奔跑的時候就可以找到騰飛的機會！但是如果你沒有一步一步做，就想直接騰飛，可能就會粉身碎骨而死，這就是所謂的世界上最快的速度，其實就是按部就班的道理！

Thinking & Action

1.

2.

3.

15 持續合作法則

世上沒有捷徑，唯一的捷徑就是與人合作！

　　合作真的不是一件很容易的事情，自從開始創業，我有好幾次與人合作的經驗，一開始的時候就像男女朋友在一起一樣，山盟海誓，都希望跟對方維持良好互動，能夠合作很久或者一輩子。最後因為各種原因而沒有辦法在一起，所以有一段時間我很害怕與人合作，但其實合作是有輸有贏，有好有壞，自己做任何的決定當然是很方便，但若沒有找人合作、沒有借力，那麼力量是很小的，我們都聽過團結力量大，都知道一把筷子才折不斷。

　　然而，與人合作後，剛開始時或許雙方還在磨合，反而能夠在一起合作，因為也沒什麼錢可以分，也沒什麼名可以分，反而是越來越好之後，錢多了、名有了，就會覺得好像對方付出太少，或者是對方覺得自己付出太少，也就是感覺自己得到的永遠比想要的還要少。或是因情緒問題或者是緣分到了而拆夥，但是不管是因為什麼原因導致合作失敗，但請永遠也不要放棄，也許下一次還能合作，說不定下一次合作就成功了。

　　合作大部分會產生分歧或失敗的原因，大部分都起因於覺得另一方付出的比較少，而自己付出的比較多，或者是覺得別人分的比較多，自己分的比較少，這通常是最大的問題。但是請記得，如果你有機會與人合作，

一定要記得：現在好像他付出的很少，你付出的很多，但是你們拿的卻是差不多的錢。而你可以這樣想每個人都有不方便的情況，說不定家裡有點事，說不定身體不舒服，說不定過些時候因為某種原因，可能反過來自己就要變成那個付出比較少的人，而對方就要去付出比較多的時間去代替你，那麼不就補回來了嗎？

　　所以請記得最大的合作問題就出在計較，不要讓自己覺得好像付出得比較多，但為什麼拿到的報酬是一樣或者是拿到更少，只要彼此都能不計較、多為對方著想，那麼這個合作就有機會繼續下去，請記得互補效應一旦消失了，大家就都沒得拿。

Thinking & Action

1.

2.

3.

商業模式法則

16

最好的商業模式通常誕生
在最兵荒馬亂的時候。

　　商業模式在中國大陸和其他地區國家其實有非常巨大的差別。從使用
的工具到想法、到應用程式，到方式、到複雜的程度，其實都可以說是兩
個世界，應該說是完全不同的模式。簡單來說，中國的商業模式可以說
是多變且複雜，甚至是千變萬化，比如像這幾年所流行的拼團、秒殺、裂
變、分銷及合夥人模式，可以說是變化多端。中國以外的地方，雖然也有
不同的商業模式，但感覺就比較直接與單純，所以不同的商業模式要放在
不同的地方來使用，但或許也可以將 A 這個地方的商業模式搬到 B 這個地
方來使用。

　　但我始終認為中國大陸跟中國大陸以外地方可以說是兩套完全不同的
方式，要完全融合，其實有困難，所以可以用兩套方式或者是相互借鏡。
而商業模式簡單來說，可以說是從產品，無論是有形還是無形的產品，從
生產出來到消費者手上中間的所有過程。在過去競爭比較沒那麼激烈的年
代，其實產品生產出來，簡單地投放廣告或開個店，就有人來買。但如今
因為產品的生產過剩或市場競爭太過於激烈，無論你賣什麼產品，都有成
千上萬的同行。就如同最早以前呼叫器、BBCALL 剛推出時，大家能選
擇的不多，後來大哥大生產出來，摩托羅拉的黑金剛，是當年所流行的通

訊工具，但是選擇性還是非常少，也只有一兩家在生產。

後來蘋果推出 iPhone 智慧型手機之後，市場就百家爭鳴，選擇性變得更多，產品的生產從少數幾家，到全世界非常多的廠家，品牌多元，市場就從生產導向來到消費者導向。這個時候從產品生產到消費者手上中間過程的商業模式，就有了千變萬化的不同模式。尤其從網路的發達及 5G 之後，更是陸、海、空或者是各種變形的模式不斷推陳出新。比如在我協助很多公司設計新商業模式的時候，那我就必須先了解公司創始人的想法、產品的優勢、劣勢、產品的差異化，以及目前準備用什麼樣的方式來做市場行銷，還有市場上有多少競爭對手，跟別人有什麼不一樣的地方，所需要投入的資金與回收耗時的長短等等。這些都是商業模式所必須要考量與關注的，而且還要不斷試錯、不斷調整。

基本上在我協助的公司裡面，當我確認好以上的這些問題並簽訂合作合約之後，我會畫出一張商業模式的部署圖。這個圖包含了「自媒體」的行銷，也就是所謂的空軍，在前文已有介紹。以及通過舉辦各種線上、線下活動，也就是所謂的海軍，和如何透過銷售人員主動出擊找到精準的客群，就是所謂的陸軍。並且還要有短中長期的規劃或者全球的布局。

你必須寫下以下的問題與答案：

1. 到底該如何從第 1 步開始？

2. 第 1 年、前半年、第 1 季、第 1 個月、第 1 個禮拜以及眼下就要做的三件事是什麼？

3. 會碰到的三到六個可能的挑戰？

4. 每個板塊該如何解決挑戰？

5. 每個板塊由誰來負責執行？

6. 誰負責監督跟檢查？

這些我都把它視為是商業模式裡面非常重要的，從細節到布局，從長期到短期，唯有執行的步驟、流程、公式、方法都非常明確，才能夠具體有效地執行。

Thinking & Action

1.

2.

3.

17 陌生市場法則

大部分的創業及生意都是 在三個月到一年內陣亡！

　　為什麼會在三個月到一年內失敗而不是前幾個月呢？因為很多業務生意及創業者的人脈大多都是在這個時間段用完了，尤其是有很多從事業務工作的朋友，不管賣什麼東西，很多人會先找自己的朋友、家人、熟人，其實這樣做也並沒錯，但是很容易發生的問題就是人脈用完就沒了，為什麼會有這種情況發生呢？有兩個很重要的原因：

　　第一個原因是對方買東西的動機，如果只是捧場，就不會有轉介紹，也不會延續下去，如果你的產品沒有辦法產生極大的好處或有很大的差異化，對方只是單純捧場，那麼這次消費完就不會有後續，因為每個人身邊都有幾個固定捧場的人，比如你的家人、你最好的朋友、相信你的人，會跟你買一圈，但下一次、再下一次、通常是買了兩三次之後就不會再買了。所以你必須確認買的人是否適合使用，而不是強銷強賣，如此一來雖然賺到一點小小的錢，但人脈可能因此就破壞掉了。所以你應該做的是就算是熟人也要去篩選適合的人，找那些對你的產品、你的服務是真的有需要的人，而不是因為人情而跟你購買的人。

　　第二點就是沒有開發陌生市場的能力。對於陌生市場而言，我非常鼓勵的開發方法，就是要去學習演講透過公眾演說或是透過寫作、出書，或

是建立團隊，或者透過自媒體把產品信息散發出去，這幾個方法都有助於你開發陌生市場，並且讓潛在客戶主動找上你！因為陌生市場在過去可能只能去沿街拜訪，但現在情況不一樣了，你可以通過自媒體的運作，通過寫文章、通過Facebook、YouTube、IG、line、Twitter等工具散發出訊息，吸引到有需要的人。

你要做的事就是把資訊廣大地散發出去。如果你還不會，那一定要去學習，未來十年這是非學不可的創業本事，更是無本創業的技能。很多創業的人一開始可能是找自己認識的朋友，就像我曾經跟朋友捧場過，是一家剛開業的酒吧，我買了很多的貴賓卡、入場券及折價券，但沒多久他的酒吧就收起來了，付出去的錢也拿不回來了。所以去篩選名單，並且透過以上幾種方式去找到需要的人，當然你必須提供好的產品或服務。不然如何通過在三、四個月以後真正的考驗，因為開始多多少少是因為人情捧場，三、四個月後才是真正驗證這個創業是否會成功的一個重要節點。

Thinking & Action

1.

2.

3.

18 目光10年法則

如果你的眼光放在 10 年以上，
你會如何做現在的每一件事。

看到這個法則可能有人會覺得不是說生存力很重要嗎？不是說要先活下來，活都活不下去了，怎麼有辦法看10年以後呢？請記得有些事你要看現在，比如你要交這個月的房租，但有些事你要看10年，比如你尋找人才。所以你必須把你人生中所有要做決定的事分成──

1. 必須要現在馬上看到結果的。

2. 明天看到結果的。

3. 在一個月以後必須要看到結果的。

4. 目光放在10年以後，用結果來推算過程，以及會遇到的挑戰與解決方案。

如果你是公司老闆，你的願景設定及目標眼光就要看到10年以後，那麼很多公司、很多人就沒法跟你比了，因為大部分的人都沒有看到那麼遠。所以設定目標要看遠一點，比如我剛創業那時候或者是現在我都會舉辦一些免費的公益課程，也會做一些可能暫時無法馬上獲得報酬、收益的工作，但同時我也有可以馬上得到回報的工作，因為存活下來也很重要，但是還要把眼光看遠，所以眼光遠、觀念新、還要行動快，並且要設定哪一些是今天或這個月就要有回報的，哪些是要長期醞釀的，哪些是純慈善

完全不要回報甚至奉獻的。像我曾經回母校演講或去一些大學演講也是純公益性質的分享。你要把事情分類成上述的四大種類並同時進行與布局，這樣就會永遠都有事情可以做，都有工作可以接，都有錢可以賺，還可以做更多善事並完成人生的所有目標。

Thinking & Action

1.

2.

3.

19 執行檢查法則

最強執行力的做法就是把完成工
作縮小到以日計或更小的單位！

　　我在指導創業者的時候，都會非常清楚地談到要把結算業績的時間縮短，不論你想達成多大的目標，將工作單位、檢查的日期，縮短得越短越容易達成。

　　你知道那些過度消費刷卡買一些沒必要的物品或奢侈品的人，信用卡費經常會被法院催繳，為什麼會被法院催繳呢？因為他在刷卡的時候不知道自己存款不足嗎？還是他總是喜歡提前消費，或者是他把自己的最高收入當成是自己的平均收入？但是就算是如此，當他收到信用卡帳單時，或者是他刷卡的那一天，他應該也會知道自己無法負擔，就算是臨時發生的狀況，從刷卡的那一天到被法院催繳，可能已經過了半年、一年以上的時間，他為什麼都不知道呢？其實他知道，只是拖著沒去解決，當然也有可能他解決不了。也就是說，如果我們能夠把所有的事在一開始的時候就想到後果，就不會出現繳不出卡費、被催繳的窘境。

　　同樣的道理如果一開始的時候，就能夠把目標切割，就不會有無法完成目標的情況，所以有些人喜歡看一年、看一季，甚至看10年。對的，我同意眼光要遠，但是拉回現實，你要把目標切割成每天所要達成的小目標，有一個法則叫1：2：3：4法則，比如你要一年達成1,000萬的業績

目標，那麼第1季是100萬，第2季200萬，第3季300萬，第4季400萬，這樣才是正確的方法。因為任何事情、任何客戶以及任何目標要完成，都必須要醞釀，無法平均分配，所以大部分的目標設定方式都錯了，大部分的人設定的方式是1：1：1：1，其實應該是1：2：3：4，你學起來了嗎？

不管是定長期目標、中期目標、短期目標，你都要以這樣的比例來設定目標，因為你要留給目標一點達成的時間，凡事都有醞釀期，你必須給自己一些準備時間。但是萬一你設定的1：2：3：4，有一季沒達成怎麼辦呢？沒關係，把沒達成的在用這樣的分配方式往後面去做分配，如此一來你就會達成你的全年度的目標。我的公司就經常把銷售團隊的薪資或者是分紅用每個禮拜的方式來結算，甚至把業績變成每天結算，如此一來就會讓我們的團隊感覺到一個禮拜彷彿是一個月一樣，因為一個月本來有四週，一年有十二個月，這樣子的方式就會讓大家感覺每個禮拜好像是一個月，業績就可能會增加4.8倍（因為一年好像變成四十八週）

也就是說如果每週大家都當做一個月來分配業績跟分配目標，並且有這樣的動力，此外你還將獎勵設定每週為結算的日期，每週獎勵一次，不管是對你的團隊或是對自己，就有可能讓業績真的乘以4.8倍。可能會讓人們在心理上覺得一個禮拜就好像一個月一樣，所以要達成一個月的收入，你可以試試看這樣的方式，會很有效果的。我在帶團隊時也曾施行每週獎勵，並且盡可能每週都發獎金，就算做不到，也要每週將每個人所達成的獎金變成可視性，也就是能看到，如薪水袋或者是在手機上顯示獎金數字，如此一來，他會知道自己這一個禮拜所得到的報酬，當然往後的三個禮拜就會更努力。

Thinking & Action

1.

2.

3.

過濾法則

20

找到值得培養的人培養、值得開發的
客戶開發，不浪費時間在錯的人身上。

　　過去我經常以說服別人為榮、為傲，好像這個客戶本來不想買，我想辦法讓他成交，或者是這個人本來不想加入我們的團隊，後來我硬要讓他來到我團隊，這會讓我很有成就感，當時年紀輕覺得這樣子很有面子，能把別人說服成功自己就很厲害。但其實強摘的果子不甜，根本沒有需求的客戶、根本不喜歡你的人、根本不想加入你團隊的夥伴，如果你想辦法讓他接受你，就算他很勉強地同意了，之後還是會後悔跑來退款，很有可能他來了之後又走了，留來留去留成仇。所以請記得你要找的是有需求的人，可以去創造需求，但最後還是要找適合的人，透過吸引、過濾、淘汰、篩選、去找到有需求的人。一方面彼此都比較不會後悔，一方面你也比較輕鬆省力。

　　在杭州有一家企業曾經有過一個這樣的案例，就是老闆請人來教自家公司的團隊如何去做銷售業務，這個很厲害的講師，讓大家分組討論要如何把梳子賣給和尚，很多人想了很多的方法跟策略，比如買梳子就能夠得到大師的加持或者得到廟裡的一些紀念品，比如買梳子就在廟裡添上光明燈，比如買很多梳子，就幫他立一個感謝牌等等之類的方法。但沒想到這位老闆非常生氣地當場解雇了這位講師，原因是因為和尚明明不需要梳

子，但是你卻要強求讓和尚買梳子。雖然你有很多的方式來說服他買，但最後他還是用不上，這就是所謂的勉強。

我記得有一次我要買房子，房屋仲介就帶我四處去看房，有一個房子我非常喜歡，不管是地段、價格、大小，各方面都非常合適，但是我還是想仔細看看，因為畢竟是未來要住的，於是我發現從客廳的某一個角度向外看，能看到一大堆墳墓，但是如果沒有仔細看是看不到的，因為是在某個角度才能夠看到，但我還是感覺心裡怪怪的，於是就跟家人商量，在商量的時候，房屋仲介就試著說服我說：「你看那麼久都沒有看到，那是要某個角度才看得到，而且你又不會天天坐在客廳從這個角度看，再加上你每天回家都這麼晚了，平常大家也忙，晚上又看不清楚，這個房子各方面都好，沒必要為了這個而不買吧！」其實他說的好像也蠻有道理的，但最後我還是沒有買這個房子，為什麼呢？

因為如果我買了之後，我可能就會經常去找那個角度去看那個墳墓，因為我心裡感覺怪怪的，因為我的勉強而心裡有個疙瘩。就像你去買某個產品或買個東西，你感覺好像哪個地方不太對，不管是別人怎麼說服你或者是你自己說服自己，你還是過不了心裡那一關。好像你想和某人結婚或是你想要跟某個人合作、或加入某個團隊，如果有讓你感覺怪怪的那個疙瘩，其實你就可以放棄不要去做了，因為這會成為一顆不定時炸彈，隨時都可能爆炸，所以如果你感覺不太對勁的話，就不勉強、不將就。

相反地，如果你感覺很棒的話，就要立刻下決定、趕快去做，有時候這種直覺是非常準的，像剛才所說的買個房子或者是加入某個團隊，或者是去參加一個課程，看一本書、認識一個人，其實這種直覺都是非常重要的。這也是一種過濾、一種相互的過濾，無論是針對任何人、事、物，這

都是很好的方法，這種第一眼的感覺所帶給你的感受通常是很準的，而且隨著你的經驗累積越來越多，就會越來越準。你可以把它解釋為相互的磁場能不能吸引對方，反正記得經過彼此的過濾，如果雙方都覺得可以，那就緊緊地在一起，如果不行，那就連開始都不要開始！

　　以前我總是想要去說服別人，去發揮說服力，但其實還不如發揮吸引力，所謂的吸引力就是去找到精準有需要、想要的人。多年來我協助很多的企業舉辦商學院並辦招商會或訓練招商的講師，就是通過一對多的公眾演說來找到需要的人，需要的人購買你的產品，有興趣的人加入你的團隊，如此一來，雙方都是自願的，後續就不會產生很多糾紛與問題。

Thinking & Action

1.

2.

3.

21 人人創業法則

用能承受的最高風險值
嘗試創業，直到成功為止！

　　並不是每個人都適合創業的，但如今的創業跟過去的創業規則不一樣，以前的創業就是要投入很多的資金，投入很多的生產製造成本，或者是開店要租或買店面、要裝潢買設備等，現在其實隨便代理一個什麼產品，隨便賣個什麼東西，甚至從事一些沒有底薪的銷售業務工作，算是自己當老闆。而這裡所說的創業，並不是要你去投入很多資金，所以門檻很低。每個人其實都是創業者，因為老闆跟非老闆的界限越來越模糊，因為做銷售跟做非銷售工作的界限越來越模糊，你可能白天上班，晚上賣面膜，你可能平日領著薪水，但是下班後還要去擺地攤，這些我都把它稱之為創業。所以在固定收入以外，你要擁有一份可以讓你因為努力而獲得報酬的工作，你必須同時進行這兩份工作，然後慢慢將你的固定工作比例降低，你就可以成為一位真正的創業者，又或者是你參與了創業的過程，這也是算的。

　　我們還可以從另外一個角度來重新定義創業。因為現在的創業比以前更容易，類似所謂的微創業，一部手機、一條網線就可以成為YouTuber、通過寫作創業的作家、或者是成為透過錄製聲音上傳到自媒體平台、錄製影片上傳到各種平台，因此而獲得收益或者帶貨賣貨，這些

都叫做創業。就像年輕時我曾經去擺地攤，我認為在那個年代這樣的方式其實也是一種創業。

其實人人都可以創業，只要要你沒有投入全部的資金、時間，都應該去嘗試一下，甚至和你的老闆一起合作，做一些產品的銷售，或是採取盈虧自付的模式，這些都叫做創業。比如，我的公司有一個平台叫做「全球創業人物實錄」以及中國大陸的抖音、小紅書、微博、知乎、今日頭條以及在 YouTube（https：//www.YouTube.com/channel/UC6dGV_ipkGu_z32_leqaKJQ）及 Facebook（https：//www.facebook.com/Knowledge-Discovery-113002963838308/）還有 IG 裡搜尋洪豪澤，都可以找到我及我的資料。我們採訪了非常多的創業者，他們人生中的酸甜苦辣足以成為許多人，在創業或者生活生命當中很大的啟發。

創業如人生，人生也如創業，這是一種 360 度的創業思維，在任何角度其實你都是一位創業者，如果你是任何模式的創業者，希望能在中國大陸與全球各種自媒體平台大量宣傳，歡迎與我聯繫（sam1713006978@qq.com，註明投稿、諮詢事項或是其他任何商務合作）我們的總編輯或相關部門主管會跟你聯繫或做電話的專訪，專訪完之後，會幫你將內容寫成文字，並且發送到我們的全球專屬平台上，讓很多人可以認識你，也就是協助你打造個人的 IP，這樣的方式其實也是一種創業。

Thinking & Action

1.

2.

3.

焦點轉移法則

22

焦點決定快樂與痛苦！

　　不知道你有沒有一種經驗，就是你想要買一台紅色的汽車時，當你有這樣的想法而去網上找資料，搜尋相關的車款，然後你會發現你的大腦裡天天都充斥著這張紅色圖片的車子。導致你在路上看到的每輛車，感覺好像都是紅色的車子。這就是所謂的焦點法則。因為當你把焦點放在哪裡，結果可能就會在哪裡。就好像你眼前擺的是目標、是夢想的時候，你就會看不到目標、夢想後面的挫折，但是當你的眼前看到的是挫折時，你就會看不到後面的目標與夢想。如果你一直去想著完成目標、完成目標、完成目標，重要的事說三次，那麼你就會發現碰到任何問題你都會去尋找出答案。

　　2020年新冠疫情開始爆發沒多久就變得非常嚴重，反反覆覆在全世界各地蔓延，全球都受到巨大的影響。如果你把焦點放在疫情讓自己很痛苦，疫情讓自己生意出問題，疫情讓自己工作不順利，疫情讓自己公司出狀況，那麼最後可能就真的走向你所想的結果。

　　但是如果你把焦點放在如何在線上完成工作，如何線上開會也能處理好事情，如何透過線上也能達成本來無法達成的目標和目的。比如你是開餐廳的，你是否能夠請廚師在家裡面透過錄影教別人怎麼做菜，來做一些

引流，而增加可能的潛在客戶名單。當疫情過去，恢復正常生活時，你的生意就會變得非常火爆，因為這兩年你已經做了很多的鋪陳與布局，或者是你能否把它改成如何把外賣做到跟只做實體店面一樣的業績，或者所有的團隊人員改成用業績的增加來提升收入，還能降低公司成本，也就是說你的焦點在哪裡，那個地方就會跑出答案來。

Thinking & Action

1.

2.

3.

全員銷售法則

23

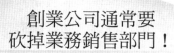

創業公司通常要
砍掉業務銷售部門！

很多公司之所以會出現問題，就是因為老闆放手不管了，或者再碰到挑戰與危機的時候，還想著要分層管理。我們試想一下，不管是特斯拉的總裁、當年的王永慶，還是香港的李嘉誠，他們為什麼到現在為止，還在幕前親自處理公司事務呢？就是因為其實有很多事一定得老闆去做，比如找優秀人才、找專業經理人，比如重大的商業決策或是產品的研發。有很多老闆一下子就把權往下放，因為很多專家、學者都主張要放權、授權，但其實很多事是不能授權的，也授權不了的，尤其是當公司出現狀況、重大問題的時候，還管什麼扁平化管理，就應該立即跳下來危機處理吧！

有好幾次我的公司突然出現業績嚴重下滑，我馬上跳下來帶幾個銷售員開始重新找客戶，很多基層業務還因此被我激勵了，不少主管也開始更努力，所以身為一位領導者要經常跳下來以身作則，這就是所謂的「身先足以率人、律己足以服人、倾才足以聚人、量寬足以得人、得人心者得天下也！」所以你一定還沒有讓公司穩到不用管，你一定還沒有達到永遠能分層管理，請記得有需要的時候你就要趕快跳下來帶頭做！

我協助過在中國重慶的一家做調料醬料的公司，這家公司的創辦人是老闆的老母親，老闆年紀很大，而他的母親年紀更大，是家成立好幾十年

的傳統公司，旗下有幾個工廠及幾百名員工。算是比較傳統的行業，管理也比較傳統，非常需要整頓跟重新出發。老闆有非常好的學習態度以及學習精神，經常帶著公司的高管來跟我學習，並且請我當他們企業的顧問。

當時的策略就是要建立內部的商學院，並且舉辦全員營銷的轉型。還記得第一次辦內部訓練的時候，所有工廠員工、各部門的人一起來上課，因為大部分都是比較老實淳樸的工人，所以我們的教學方式也有一些調整，最後推行了全員營銷策略。也就是讓所有的人都能夠去跟客戶介紹產品，因為這家公司的客戶大部分是公司對公司，也就是 B to B，所以經常有客戶來看公司、看工廠、甚至打電話到公司及工廠詢問，客戶才不管你是什麼部門，他們還會問品質、問原料、問價格。所以我要求這家公司全體上下所有的人都要學會如何解決客戶的問題及如何跟客戶溝通。一開始大家不理解，在工廠的人也不會接觸客戶，為什麼還要學這些呢？但請記得，就好像飯店的服務生是顧客對這家飯店最重要的印象來源，這家調料公司，雖然工廠人員不太需要接觸客戶，但工廠人員的家人、朋友，也許是這家公司的客戶，並且客戶也有可能會臨時到公司去。

不知你是否曾經有過這樣的經驗，就是打電話去某家公司要求售後服務，但是等來的卻是一個部門轉一個部門，然後最後說這不是我們負責的。對客戶而言才不管是誰負責的，他只知道要找這家公司的人負責，這個人是誰，他不在意，只要能幫他就行。所以每位員工都是公司的市場銷售部門，從老闆開始每一個人都必須要學會如何解決客戶的問題，如何能在第一時間就幫助客戶、並協助客戶。

這個時代每家公司都是銷售部門、每家公司也都是教育訓練業、人人都是老師、人人也都是學生、人人也都是最高級的服務人員。所以讓全公

司的人，尤其是後勤部門或者是以前不曾接觸客戶的人，也都要學習去面對客戶，到底該如何應對、如何回答，這就是所謂的全員營銷的全員銷售法則！

Thinking & Action

1.

2.

3.

惡性循環法則

24

領底薪，拿保障就是惡性
循環及貧窮的保證！

　　我曾經向世界知名的暢銷書《富爸爸、窮爸爸》作者羅伯特・清崎學習並與他面對面交流。我印象最深刻的就是他不斷地談到，只要你領了底薪就會讓自己的大腦失去思考。讓我想起有非常多人問我，我現在的生活明明需要柴米油鹽醬醋茶，有孩子要養，有另一半要照顧，上有父母，下有孩子，如果我沒有領固定的薪水，假設我沒有固定的保障，我去做銷售工作領業績獎金，萬一家裡臨時需要用錢，該怎麼辦呢？

　　當我在廣播節目、電視節目或接受一些記者採訪的時候，這個問題幾乎是很多人必問的問題。但我們要思考的是為什麼這個人沒有把錢存下來，並且在家庭需要支出的時候，他沒有錢可以用呢？通常就是因為過去他所存下來的錢小於他所花掉的錢。也就是說如果你想要追求保障，那麼在你的價值觀，就只會把保障排在富有前面，就永遠不可能得到富有，當永遠不可能得到富有的時候，那麼根本也不會有保障。

　　你以為你在公家機關上班就有保障嗎？你以為你嫁有錢富商就有保障嗎？你以為你娶個富二代老婆就有保障嗎？你覺得你靠你的家人、父母給你的財產就會很有保障嗎？你覺得你有鐵飯碗就很有保障嗎？錯了！這一切都沒有保障，真正的保障是你可以選擇富有！

　　又有人問：如果可以選擇富有，怎麼會有人要選擇貧窮呢？錯了，大部分人都選擇貧窮，因為大部分的人還是想要有保障。但請記得，就算是父母也不可以給你保障，也沒有辦法給你一生的保障，你還是得靠自己。所以剛才問題是，萬一這個月沒有業績，萬一創業失敗，那不就沒有錢過這個月的生活嗎？

　　答案是如果你問自己，如果要讓自己這個月的生活夠支出，你應該怎麼做呢？答案是如果要產生業績，你應該採取什麼行動方案呢？如果採取這個行動方案，可能會得到什麼結果呢？萬一有最壞的結果能承受嗎？如果要承受那可以怎麼辦呢？我想說的是，你可以不斷調整你的比例，比如辛苦一點做那些立刻可以領到錢的工作，那只能花你一小部分的時間，然後積極去做一些創業和市場銷售有關係的工作，然後慢慢地等到這邊賺的錢夠多、夠大時，再把那個有保障的固定工作辭掉，這樣子就可以循序漸進地脫離貧窮。

　　而我從小到大從來沒有領過底薪，因為家裡的負債實在太多了，令我根本沒有辦法去想要有保障，因為一點點的薪水遠遠幫不了自己。因為那個所謂的保障會讓我一輩子也還不了家裡的負債，我只能選擇背水一戰，只能選擇一定要成功。但坦白講最後的結果有好幾次是沒有成功的，還是失敗！

　　為什麼大部分的人在失敗之後還是爬不起來呢？就是因為他們沒有持續地學習新的資訊跟知識，或是沒有貴人幫助，或沒有把握到時機。不知道大家能不能聽懂這樣的說法，其實什麼是保證貧窮的法則，就是不斷地去要安全感，而不去問自己如何創造安全感。因為短期的安全就是長期的危險，如果只是想要底薪、只想要安穩、固定的保障，最後就會完全失去

能變成富有及賺錢的動力和想法，如此一來就永遠得不到保障，然後就會越來越貧窮。

Thinking & Action

1.

2.

3.

創業者階段法則

25

創業者從老鼠蛻變到人類的不同階段

　　創業者一開始就像老鼠一樣，躲在陰暗的角落，伺機而動，隨時都可以出擊，看到什麼就叼回洞裡，像很多人包含我自己，剛開始創業的時候去街上陌開、打電話找認識的人推銷，反正就是要把東西賣出去，能活下來就好了。但是慢慢地生存下來之後，就要轉型成為一匹狼，狼就可以站在山頂上呼朋引伴，就有了團隊，可以想辦法一起出擊，並凝聚成很強的力量，變得有力氣、有爪子、有鋒利的牙齒，可以捕獵到比較大的獵物。

　　慢慢的你還要從一隻狼變成老虎，或者可能你就像獅子一樣是森林中的王者，就像創業者可以有華麗的衣服、有高級汽車可以開、住別墅洋房，可能有助理、有團隊、有秘書，還有很多核心成員，而公司也開始賺錢了，就像個老虎一樣威風凜凜，可以說是領袖中的領袖了。但這時候不管怎麼樣，你都只能在森林裡面奔跑，或者是渡過河流去尋找下一個獵物。

　　接下來，你就必須要有一雙翅膀，這個翅膀可以幫助你，從地面上的王者變成也是空中的王者，而這個翅膀就是網路互聯網，就是所謂的空軍。一邊的翅膀叫做網路可以做全世界的市場，而另外一邊的翅膀可能就叫做資本或融資，能讓公司走向另外一個境界。在過去公司一定要賺錢，

也就是收入減支出一定要是正值的才叫做好的公司。而現在賺錢的公司，不見得是值錢的公司，在第一階段或許不見得要賺錢，就像中國的瑞幸咖啡，或那些得到資本親睞的公司，其實他們一開始都是不賺錢的，但必須要有夢想、有故事，能讓投資人感覺到這是一家未來會賺錢的公司，而透過資本的力量，讓資本願意注入更多的資金，他們也能通過大數據擁有更多的精準客戶資料可以做精準的推送，或是有很棒的未來藍圖與願景，讓資本願意加入。

而資本是殘酷無情的，他們只看結果，他們介入的目的就是為了要在某一階段退出賺到更多的錢。除非你的目標是要上市，那麼你就可以成為公開的募資公司，不然的話當資本退出時，他們可能尋找下一個接手的人，他們賺得盆滿缽滿之後，下一個資本又介入了。這個時候你必須從一隻飛虎變成翱翔在空中懂得使用運用工具的的人類，既能夠透過工具也就是飛上天空，又能夠通過潛水沉浸在水裡面遨遊，還能夠在陸地上行走。

這就是人類幾十萬年以來還能夠存在，成為地球主宰的重要關鍵。一家公司從一隻老鼠進化到人類有非常多不同的階段。剛開始創業時，我建議不要選容易的事情，做什麼叫容易的事情呢，比如女性想要開個花店、開個咖啡廳，男性想要開個餐廳。因為門檻低，很多人都能做，但百分之九十九都是不會賺錢的，因為競爭太過激烈，如果想做一件事業，就不要去選簡單的事情做。

為什麼我鼓勵大家去學習銷售技巧，因為銷售等於收入，為什麼我鼓勵大家去做業務，或從業務開始創業，甚至去從事組織行銷的工作，或是學習演講，我教授演講、行銷、建立團隊，是因為這些都是比較困難的，競爭相對比較少，若是選擇那種只要拿出一筆資金來開餐廳、開花店、開

咖啡廳，就能一圓創業夢，但最後大部分都會以失敗收場，因為大家都這麼想，競爭實在太多了，所以請記得先選難度比較高的開始做，然後你就會越做越簡單，如果你從簡單的開始做，你就會越做越難。

把公司做小做精，而不是做大做強！

公司做大做強，所謂的大，代表著有更多的成本、代表著可能效率降低、代表著剛創業時本來靠兩三個人就能達到的績效，後來擴展二、三十名員工的規模竟然達不到原本的績效，也代表著當碰到挑戰，類似疫情、天災人禍的時候，固定成本會讓經營多年的公司一夕之間倒閉。除非公司已經大到就算出現任何問題跟意外也還有能支持幾年的備用金，不然的話做小、做精細，將是未來的趨勢，也是生存的保障。但有人會問：難道我的公司很大，就要精簡裁員嗎？不是這樣子的，而是要把一間大公司切割成許多小部門，而每個部門就像是一家創業公司，不知道你是否發現那些小型創業公司的老闆，都能做很多工作、效率很高、成本很低，能非常精細地去計算所有成本，所以公司才能逐漸壯大賺到錢。但在公司規模變大之後，反而就無法達到這個效果、效率降低，尤其是在經濟不景氣、通貨膨脹或者是爆發全球疫情這樣的意外的時候，很多大公司反而無法生存。所以假設公司已經做大了，那就要想辦法把每個部門都變成利潤中心制，自負盈虧，主管變成合夥人，變成多家創業公司。

如果一家公司有100人，可切割成十家創業公司，但還是在這個大的公司裡面，因為是利潤中心，要更重視成本、減化成本，要更重視營收、重視利潤率、重視效率、講求結果。在公司狀況不好的時候也沒有什麼好

管理的，就要扁平化，就要一個人當好幾個人用，就要重視變現、重視盈虧、重視利潤。

　　所謂的管理是在風平浪靜、太平盛世的時候最需要，但是如果將公司切割成很多小公司，那就不適用於過去那種層層報告的管理機制，而是要短、平、快，立即產生反應，馬上出結果才是關鍵。這才是身處在通貨膨脹時代，或者是全球未來不確定時代、或天災人禍類似疫情這樣的環境背景下所應該做的事。記得現在你要做的不是把公司做大，而是各個部門成為很多不同的創業部門，才能讓每個部門變成一個小公司，而小的公司才會變成真正的大企業，所以趕快把公司做小吧！

Thinking & Action

1.

2.

3.

進化法則

26

要隨著環境進化，
學會長出鰓用鰓來呼吸！

2020年新冠疫情開始大爆發流行的時候，很多的公司也因應時勢與趨勢改成了永久居家辦公，其實這就是一種進化。我曾在一本小說裡看過說人類以前是有鰓的，因為在數十萬年前地球上都是水，還沒有板塊運動把陸地擠壓30%出來的時候，人類都是生活在水裡，因此是有鰓的，後來因板塊運動人類變得可以在陸地上生活而不是在水裡，所以人類又有肺，有一段時間還是有鰓也有肺的，不論這個傳說是真的還是假的，或這個說法是對的還錯的。令我覺得有意思的是，人類會因為進化而讓自己發達的更發達，比如我們都知道人類的祖先是猴子，後來尾巴用不上了，就慢慢沒有尾巴了。就像在新冠疫情期間，沒有辦法外出工作，沒有辦法跟客戶面對面談生意，所以有些人被淘汰了，因為他無法線上工作，有些公司倒閉了，因為沒有透過線上會議或透過線上商業模式來增加業績，但是肯定會有一批能夠挺過競爭而留下來的，他們就像長了鰓一樣，是經過進化的。

疫情剛開始時我也非常不能接受，因為常年來我都在全世界各地巡迴演講，有幾百人、幾千人、有幾萬人的活動，頻繁得幾乎一整年都排得滿滿的，但是因為疫情的關係，這些活動全部取消，一開始從拒絕接受到無

法接受，後來慢慢接受到最後告訴自己：要長出鰓來，要趕快學會透過線上的活動、線上的方式來運作，雖然一開始效果不好，但我馬上問自己，如果要讓效果變好可以怎麼做？雖然這麼做不見得能馬上改善，但是一步一步去改，就像身體的鰓就長了出來一樣，或許這也就是達爾文所說的物競天擇，適者生存，不適者淘汰，大魚吃小魚、小魚吃蝦米，優勝劣敗、適者生存，就是這樣的道理吧！請記得去適應環境，時勢造英雄，英雄也要去造時勢，讓自己不斷進化，不然就只能接受被淘汰。

Thinking & Action

1.

2.

3.

康熙領導法則

27

跟在位最長的皇帝康熙學領導！

　　我很喜歡《康熙王朝》這部電視劇！當然你也可以通過看書或者是閱讀一些網上的資料，但如果可以的話，我建議一定看電視劇《康熙王朝》並多次反覆看。因為這部劇對於我的生命、人生、及領導與管理等方面都有非常深刻的啟發。

　　我第一次看這部劇是在二十八歲左右的時候，後來斷斷續續，總共又看了應該不下十遍以上，每一次看我都邊看邊寫筆記。觀看的時候，我感覺要融入整個電視劇，因為投入才會深入，付出才會傑出，我彷彿置身在清朝時代，在康雍乾的盛世裡領略了愛新覺羅玄燁從他的父親順治的出家，到後來他除鼇拜、滅葛爾丹、除三藩，跟俄國老毛子對著幹，一幕幕都十分精彩絕倫。

　　孝莊太后如何諄諄教誨康熙的故事，劇中激勵團隊的畫面與如何在九死一生中總是能夠異軍突起⋯⋯絕無冷場的情節都令人屏息以待！看著小小玄燁是如何一步步成長到成為中國歷史上在位最長的千古一帝。除了演員演得好，故事精彩、驚心動魄，錯過每一秒鐘都令人惋惜。

　　令我學習到最多的首先就是布局！康熙為了把他的位置傳給乾隆，中途就先傳給了乾隆的父親雍正，就像你經營的公司想要傳給下一代，或者

是我在輔導企業的時候，他們想要傳給自己的下一代的時候，布局就顯得格外重要，因為格局決定布局，布局決定結局。再者非常重要的一點是，康熙有一個非常強的核心團隊。他在做任何決策之前總是問問核心團隊大家怎麼看，最後才自己下了決定。這告訴我們：要參考大家的意見也就是核心圈的意見，再來就是當領導的人最後還是要自己下最後的決策來決定成敗。

他的皇祖母也就是孝莊太后就如同他生命中的導師與貴人，在自己還不成熟的時候，是貴人跳出來幫他講話，幫他激勵他的內部大臣。康熙年輕時因年輕氣盛，覺得自己無所不能，在實力還沒有很堅強時，就決定要除三藩，惹得平西王吳三桂起兵造反，令當時的康熙都想放棄而退位了。其實皇帝也跟平常人一樣，會有沮喪、悲傷，甚至他根本就不想當皇帝了，只想躲起來，結果被他的貴人也就是他的老師皇祖母訓了一頓之後，最後他集合大臣，發表了一篇演說最後度過了這個難關。演說的內容我記得非常清楚，是說：真正的問題不在外部，而在內部，只要君臣一心，就能夠盤基永固。可見，不管是家和萬事興或者是你在經營一個團隊帶一個公司或創業者，最重要的並不是外面的市場環境，也不是外面的競爭者，而是內部的團結。大部分的失敗都是敗在內部，而不是外部，如果內部非常團結，核心圈非常堅強，那麼所有的問題都可以迎刃而解。

我還學習到康熙的熱愛學習與廣納人才。雖然貴為皇帝，他從不懈怠學習，甚至把人才當老師。有些人把人才當奴才，有些人把人才當人才，但康熙卻是把人才當老師。我曾經帶著我的團隊核心成員，一集一集地觀看這部電視劇，所學到的東西絕對值得一筆一記地寫下來，劇中康熙深深的演繹了一名創業者、老闆、領導者的心態與做法。所以這部片也很適合

你帶著團隊核心成員一起看。把彼此的定位做好，就可以讓公司團隊甚至家庭，任何的團體都發展得更好。

　　我在各地傳授創業者很多心態與技巧的時候，歸納市場行銷也就是行銷加上演說公眾演講，也就是招商，找人才，還有複製CEO，打造系統複製團隊，最後發現一個人的天賦、把人擺在適當的位置，這些都是因為我剖析了康熙所有的精神與法則。

Thinking & Action

1.

2.

3.

28 成吉思汗打天下法則

即使歸零，也能夠有重新
出發的決心和鬥志

　　有些人看完電影或電視劇只是娛樂一下或哈哈一笑，只當是排遣時間，但我還是建議如果可以的話，最好把一些重要的名言佳句、重要的故事情節把它寫下來，因為生活無處不學習，不是只有在課堂上上課才是學習。因為我自己也帶團隊、經營公司，所以能深刻體會「三人行必有我師」真的是有道理！

　　《成吉思汗》這部電視劇也是我非常喜歡的一部電視劇，或許裡面的畫面有點暴力，有點兒殘，但客觀來說，成吉思汗是非常厲害的領導者，每次總能夠在團隊被打趴歸零的情況之下，還能九死一生闖出生機，本來敵人以為都把他滅了，但是後來他又能再度崛起，這是非常令人值得學習的精神。

　　假設你的生命有任何的閃失或者是你的創業、你的工作失敗了，甚至到最後根本就爬不起來的地步，就要學習成吉思汗絕處逢生的意志，最後總能殺出一條血路。很多的電視、電影，或是生活很多的體驗都會給你輸入很多的潛意識，就我自己個人而言，也有很多次失敗的經驗，也有從一個地方到另外一個地方發展，從零開始或者是碰到一些挑戰及歸零的經驗，而《成吉思汗》這部劇給我最大的啟發，就是只要你不放棄，總是會

柳暗花明又一村，當你覺得山窮水盡疑無路的時候，又會有新的希望，只要你不斷堅持、不斷努力。

而成吉思汗還給我一個非常重大的啟發，就是不斷廣納人才，他積極網羅優秀人才，就算是敵方的弓箭手「木華梨」，最後也被他收編為自己的一員大將。而他的母親幫他把很多他所找的大將都輔導好了，就像是在一個團隊裡面要有人去找人，要有人輔導人一樣。還有一點非常值得提出來的是，他對於獎勵利益的分配、土地的分配都非常仔細。作戰之前，總是先確認好對方的隊形、敵情，然後殺紅了眼，奮力去達成目標，讓敵人為之喪膽。最後當元朝這個帝國打到現今的歐亞非三洲。就在打天下已大勢底定時，他重用了漢人，叫做耶律楚材，他身邊的核心成員紛紛反對，因為這個文人只能治理不能上馬背去跟別人廝殺，但是成吉思汗去堅持要用他，因為他知道打天下跟守天下所需要的人才是不一樣的。

很多的大企業、公司老闆請我當顧問，請我們公司去做商學院的院長，替他們做教育訓練、培育人才。當然一開始也會有反對聲浪，很多老闆問我怎麼辦，我都推薦他們去看《成吉思汗》。有人問我，為什麼你的學生中不乏一些百億富豪、上市公司、集團的總裁，但你自己又不是百億富豪啊，你憑什麼教他們呢？我想請問大家，Michael Jordan的教練有沒有比他會打籃球，老虎伍茲的教練有沒有比他會打高爾夫球，答案當然是沒有，但是為什麼他們可以成為他的教練，因為每個人的角色定位不一樣。而且很多的老闆、領導者看不到自己的問題跟缺點，所以他需要有教練，就像古代的皇帝，也需要有帝師。他們不是皇帝，但是為什麼能夠成為皇帝的老師呢？因為他們是高人，因為他們有他們獨特的專長，所以或許我沒有像我的一些學生們是百億富豪，但是卻可以看得到他們看不到的

東西，知道他們不了解的領域，當然我也投資了很多企業，除了從事教育訓練，授課開總裁班、演講出書之外，我也投入很多實體的經營及管理公司。

因為你不能不跟現實結合在一起，《成吉思汗》這部電視劇會讓你不斷擁有就算你現在歸零還能夠重新出發的決心跟鬥志。當你在開發一個新的市場，要達成一個新的目標跟夢想的時候，建議你可以帶著團隊一起觀賞《成吉思汗》，並寫下筆記，會讓你有很深刻的感觸與啟發。

Thinking & Action

1.

2.

3.

PART
3

職場開掛
生存力

無條件信任法則

01

要有一個無條件信任自己的人
或去無條件信任一個人！

　　做任何事要成功，不管是事業還是感情、或是創業，都要有一個無條件相信你的人，也就是這個人能相信你到什麼都不計較的地步。想像一下是否有過這樣的經驗，就是你想完成某一個目標的時候，你的另一半完全支持，不計較薪水多少，徹底無條件地支持你。你可以拼命往前衝，後來成功了我們就稱之為叫夫妻店，或稱之為叫做夫妻共同創業。或者是和死黨、兄弟姊妹手足、合作夥伴也是一樣，為什麼這樣容易成功呢？

　　你可以是這個無條件支持某一個人的人，不然就是找一個無條件支持你的人。我有好幾次創業失敗，後來又成功的經驗。我細細回想，每一次一開始連自己都不見得相信自己一定會成功，但是就是會有一個無條件支持自己的人。但有人會問：那如果支持你的是錯的，怎麼辦呢？其實世界上沒有所謂的絕對，只有相對的，沒有人知道這個事到底會不會成功，只要它是合法的，是對人們有幫助的，不管你是在賣某個產品，做某項服務，或者是你想要完成某個目標，或是有一個也不知道會不會成功的事業就這麼成功了，也就是因為有一個無條件支持他的人。

　　1998年我第一次創業失敗時，懵懵懂懂地到美國拉斯維加斯向美國催眠大師馬修‧史維學習催眠，徹底改變自己的想法，對後來事業起了非

常巨大及長遠的助益！

世界第一的催眠大師告訴我們說催眠是什麼呢？

催眠就是毫不質疑地快速接受指令，催眠就是有人在最短的時間，最快的時間，毫不遲疑地接受你跟他所說的

話，然後照著去做。就像一個人到一家公司，就是他相信這一公司，他被公司催眠了，就像一個人跟另外一個人結婚也就是相信跟這個人結婚會有美好的未來，也就是被催眠了，或者是去購買某個產品，去買某間房子，其實都是如此，就是被這個人事物所催眠了。當有一天這個人不想住這裡了，有一天他不想跟某個人在一起了，有一天他不想待在這間公司了，那都是催眠失敗了。所以催眠並不是叫別人睡著才是催眠，而是無條件的相信。

對的，如果催眠後假設是好的，那就是好的，如果是不好的那當然就是不好的催眠。但是不管你想不想被催眠，我們活在這世界上就是持續不斷地被催眠或是催眠他人。

所以催眠不見得是好或不好，取決於最後的結果是如何。過去你是否曾嘗試無條件相信或支持一個人呢？或者是你是否在做某件事的時候去找到那位你說什麼他都覺得：「哇！不可思議，太好了」的人，在我這幾次創業的過程當中，我都記得我有幾個合作夥伴每次當我說我要做什麼，他們都會贊同地說：「你的決定太棒了，我們一定全力支持！」雖然一開始有幾次是不成功的，但最後因為彼此有共識、共同努力，就一起把這件事

做成功了。

　　請記得做什麼事之前，先找到一個無條件支持你的人。我做過一個比喻，一顆原子沒有威力，但兩顆原子撞在一起就會產生 13 萬噸的黃色炸藥，就會讓原子彈產生巨大的爆發力。或許你還沒有得到你所想要的某方面的成就、達成某個目標、完成某個夢想，就是因為那個跟你相互撞擊在一起產生巨大威力的人，還沒有出現。當你的事業或某一件事情成功了，請記得不是因為自己有多棒，而是因為有人跟你產生強烈的互補，有人跟你產生強烈的撞擊，才會產生這種原子的威力。因為兩個平行的原子是永遠不會產生任何的威力的，請千萬不要忽略這種互補效應。

　　我有幾位很棒的合作夥伴，因為一起合作取得了事業上的成就和人生的高峰，但後來由於對方覺得沒我也行，或我覺得沒對方也行就自我膨脹了，覺得自己無所不能，沒對方也可以做起來，以至於後來彼此都嚐到苦頭。所以請記得能夠幫助你節省時間、幫助你節省力氣、跟你互補的人，可能你會忽略他的存在，但就是一個這樣的人才能在某些事情上跟你達成某種共識，然後一起完成目標的夢想。

▲向世界第一催眠大師馬修·史維學習,成功取得催眠師授證,沒想到後來改變了自己及眾多人的生命!

▲2015年,感謝恩師催眠大師馬修·史維到了台灣,拿起我寫的暢銷書發出驚嘆並給予推薦!

Thinking & Action

1.

2.

3.

02 盲目自信法則

人不怕沒有過去，
就怕看不到未來

　　有時候自傲總比自卑好，因為自傲的人不知謙虛，有時候也正因為這種狂野的行動力才能創出一番偉大成就。而自卑的人總是畏首畏尾、裹足不前、怕東怕西，什麼事都不敢做，就可能什麼事都做不好，應該是說連做的機會都沒有，連開始都不曾開始。

　　有個年輕人天天喊著要飛到外太空、飛到宇宙而總是被身邊的人嘲笑，但年輕人不害怕也不畏懼，還有點狂傲不拘。他望著太空說，我要飛到那邊去，說著說著他就開始跑了起來，飛快地跑，飛快的奔跑，旁邊的路人笑他這樣跑，是如何能夠跑到外太空？真是傻子，真是痴人說夢話。年輕人跑到氣喘如牛，汗流浹背地奔跑著，跑到快要跑不動的時候，突然發現路邊有一台腳踏車，年輕人就把腳踏車扶了起來，開始騎腳踏車，雖然還是很累，但速度總是比跑步更快了一點，也比較持久！

　　年輕人拼了命，沒命地踩著腳踏車，踩到雙腿累到不行，快要踩不動的時候，發現路邊竟然有一台摩托車，年輕人改跳上摩托車，用力加油門！哇！終於沒那麼累了，但還是拼命向前奔馳，飆到摩托車都快沒油了，路人還在一旁嘲笑年輕人竟然想騎摩托車飛上天，真是太可笑了！這時候年輕人發現了一台汽車，年輕人不管這麼多，上車之後開始飆車！年

輕人越開越快，竟然開到了飛機跑道旁邊，年輕人這次登上了直升飛機，隨著直升機嘎嘎作響，年輕人終於升到了空中！

在路邊圍觀的路人還是在嘲笑他雖然是到空中了，但離飛到外太空還遠著呢！

年輕人雖然沒有飛到外太空，但他可是從跑步一直努力到坐上直升機並成功到了空中，已經達到了離地面很遠的地方，可以在藍天白雲上翱翔了！

這雖然只是一則寓言的故事，是否令你有所啟發呢了，很多人一生畏畏縮縮什麼都不敢去嘗試也不敢去做，也不願意去擁抱夢想，就像故事中理性的路人一樣！我曾經看過一本書，上面寫著人一生到死的時候最後悔的竟然是有某些事沒有去完成，有些夢沒有去追求。

曾經有人問我為什麼要到海外、到上海發展？為什麼要到世界各地去演講、做生意，當時其實也就是憑著一股傻勁就去做了！但這不代表著行事要很魯莽、草率地想到就去做，也不代表著我們要什麼都不管。而是一種感覺前面雖然被遮擋了，但冥冥中卻有一股無法言喻的自信，是一種好像露出一點曙光就往光的方向爬的第六感。我不知道你現在幾歲，也不知道你的性別與國籍，更不知道你是否碰到什麼困難與挑戰，但請記得往前奔跑，適當地去改變你的工具，可能到最後你仍然無法達成那個偉大的目標跟夢想，但是你可以在空中坐著直升機，慶幸自己並不是那個嘲笑追夢者的路人！

◀人生的改變令人無法想像，幾十年來巡迴各國的千人到萬人演講大會，幫助更多人改變！

Thinking & Action

1.

2.

3.

03 與壓力共舞法則

要學會與壓力共舞，
而不是因害怕而逃避壓力！

　　不知道有沒有人跟你說過，不要給自己太大的壓力！

　　自創業以來，我不曾跟我的團隊說不要給自己太大的壓力這樣的話，我反而覺得有時候給的壓力不夠大，因為壓力可能也是一種成長原動力。就像煤炭跟鑽石的原理是很像的，鑽石經過了壓縮，經過了淬煉就變得值錢了！

　　我曾經看過一部電影《少年派的奇幻漂流》，令我深有感觸與啟發，導演是著名的李安，電影大部分的時間只有一個孩子和一隻老虎。主角派這個孩子搭上船打算去遠方，船上的旅客以及在船上表演的動物本來一帆風順地在大海中航行。後來船遇到了風浪，所有的人與動物全都滅頂了，只剩下這隻老虎還有派這名少年。少年派搭的船剩下最後的一角浮出海面，少年派坐在一頭，老虎在另外一頭。少年派嚇死了，很想把老虎推入海中，免得牠餓了把自己給吃了，但當他想這麼做的時候，他又想到海面上已經沒有人了，如果沒有另一個生物陪著他，那他不就要孤獨寂寞而死。

　　但他又覺得如果不想辦法把老虎弄到海裡，萬一牠吃了自己不就慘了，於是少年派猶豫掙扎很久，最後他找到一根長桿子以及漂浮在水面的

一些生肉在適當的時間餵給老虎吃。老虎本來是要攻擊少年的，但可能被餵飽了又不攻擊了，就這樣子，老虎跟派度過了一天又一天。老虎有時也想把派給吃了，少年派有時候又想把老虎推下去，最後誰也沒這麼做。就這樣在海上漂流了一段很長很長的時間才獲救。獲救之後，老虎最後回頭看了派一眼，彷彿是在道別，而少年派看著老虎的眼神，也感謝老虎陪自己度過海上漂流的這段寂寞日子。

誰是老虎呢？壓力就像是老虎，如果我們把老虎給弄死了，也就沒有壓力了，但這樣活著沒有意義，好像沒什麼責任也沒什麼可以追求的！很多人在目標完成之後或者是家裡很富有，就不知道自己能幹嘛了，所以有人會去吸毒、飆車，或完全不知道自己能做什麼，每天渾渾噩噩！但如果壓力太大，就會像橡皮筋被拉斷了，甚至選擇結束自己的生命！我們見過那些小時候窮怕的人，當官後有錢了就開始貪污幹壞事，因為那個老虎壓力幾乎把他給吃了，物極必反說的就是如此。巧妙地運用壓力，不能太過，不然會把自己吃了，但也不能太少，反而失去動力、生命、人生不就是如此嗎？

Thinking & Action

1.

2.

3.

時間治療法則

04

那些所有現在讓你哭的事，
總有一天會讓你笑著說出來！

　　失戀是如此，創業失敗好像也是如此！那些你覺得無法過的關卡，你永遠忘不了的人，經過一段時間之後你就不太記得他了，就算碰到或想起也沒感覺了。「時間是最好的治療」，如果你深愛某人，而他卻背叛了你，或者是他離去了，再也見不到這個人了，可能你會覺得你這輩子再也走不出來了。但或許就在一念之間，在一個早晨的陽光，在一個孩子的笑聲，或者是一本好書的一句話，或參加某一個心靈成長或教育培訓的課程時，你就這樣忘掉了，而且忘得乾乾淨淨！Yes，讓自己去忘掉你該忘掉的。柔弱的時候要堅強，迷糊的時候要明智，恐懼的時候要勇敢，抓不住時就要放手！

　　在那一個瞬間你突然放手，你感覺也沒什麼了不起，沒有誰離開誰就活不下去，轉而投向那些能夠讓你忘掉你該忘掉的事，或是你該忘掉的人的那個轉折點。令你很痛苦的事，可能是家庭發生變故、你愛的人不在了、或者是愛你的人不愛了，或者是欠下債務，或是你的事業出現問題了，但請記得，時間會治療這一切。除了生老病死或失去自由，大部分的事都是可以被解決的，而不能被解決的，也不需要解決了。以下分享一段好文──

凡事感激（摘自網絡）

感激傷害你的人，因為他磨練了你的心志；

感激絆倒你的人，因為他強化了你的雙腳；

感激欺騙你的人，因為他增進了你的智慧；

感激蔑視你的人；因為他醒覺了你的自尊；

感激遺棄你的人；因為他教會了你該獨立；

感激中傷你的人，因為他砥礪了你的人格；

感激鞭打你的人，因為他激發了你的鬥志；

凡事感激，學會感激，感激一切使你堅強的人；

感激失戀和失敗，因為這使我成為一個有故事的人。

Thinking & Action

1.

2.

3.

05 萬能快樂法則

快樂就是降低快樂的標準，
提高對痛苦的標準！

以前我無法理解，為什麼有人已經是億萬富翁或者是名聲顯赫的大明星，還會選擇用自殺來結束自己的生命。後來我慢慢了解到，其實人必須要在擁有的時候就感覺到自己擁有的是最美好的，這不是想著去追求更好，而是滿足現在所擁有的快樂，就是俗話說的知足常樂！

年少時我曾經擁有一台很破的摩托車，我渴望有一台新的摩托車，於是拼命打工，最後當我存到錢買了台新摩托車時，我感覺到我很開心，因為我終於不用忍受那二手摩托車老是動不動就罷工，那個排氣管經常掉下去而且經常熄火！

當我擁有一台全新的摩托車時，我心中無比的滿足。後來我初創業成功那時，我買了一台賓士車，有很大的業務團隊及很多員工，公司業績也很不錯，自己的收入跟財富也與日俱增。當我坐在賓士車的後座，有司機幫我開車，我才三十歲，司機已經五十歲了，我覺得自己非常有成就，然而每當我跟員工開完會回到賓士車上，車上就只有我和司機兩個人，有一瞬間我總是很想哭，因為突然從氣氛高漲、掌聲雷動的舞臺，回到一個寂靜的空間，雖然是高級的賓士車，還是加強型的豪華車，要價好幾百萬，我依然感覺到內心無比的空虛，這就是一種可怕的落差。所以我漸漸明

白，為什麼有些明星或富豪已經是人人羨慕的對象，還是會抑鬱、憂鬱、痛苦，甚至走向結束生命。那是因為失去奮鬥的動力，把標準定的太高，所以我們要學著去享受追求過程的快樂。

我慢慢練習在擁有或沒有的時候都把快樂的標準降低，有時候買到一個自己喜歡的小東西，吃到自己喜歡的美食，或是好久沒吃的一碗乾麵加貢丸湯配滷味就會感覺到無比的快樂。如果能夠把快樂的標準降低，你無時無刻都能感受到喜悅。然後再把痛苦的標準提高！就是在碰到問題挑戰的時候，告訴自己那也沒什麼，就不會感覺那麼痛苦了。

有時候我會去坐以前常搭的公車，當我偶爾回到臺灣的時候，我會自己開車或坐計程車，就像猛然醒來發現自己還有時間可以繼續睡的喜悅！我會去吃小時候捨不得吃的小吃攤，當然如果那家小吃攤還在的話，點好幾盤以前不敢點的小菜，加上蛋、豆干、海帶，就覺得好滿足、好快樂。當你變得很富有的時候，一定要偶爾讓自己去感受一下往日的時光，我還常回到以前我打工的凱悅飯店去喝咖啡，去逛以前擺地攤的夜市，成為逛夜市的人而不是擺地攤的人！你就會發現現在任何的一切都是無比美好。

讓自己快樂起來，真的很重要，要經常去練習讓自己心情變好的方法！我曾經讀過一篇文章，叫做風雨中的寧靜！話說有一位富豪，想要在家裡掛一幅畫來呈現什麼叫「寧靜」，他找了很多知名畫家來詮釋寧靜。其中有一幅畫畫得非常好，他非常喜歡，畫面呈現的是一點漣漪、一點皺折都沒有的湖面，感覺栩栩如生，是那樣地清澈見底，深山裡面的湖面充分顯現了寧靜！

但是畫家總感覺好像缺了點什麼？！過沒多久一位在深山裡隱居多年的高人把這幅畫用布蓋起來，拿出另外一幅畫給富翁，富翁看了之後頻頻

點頭，大為震驚，二話不說非常興奮地選擇了這幅畫！這幅畫所畫的是一棵大樹，旁邊是非常湍急的瀑布，瀑布在湖面上濺起水花，而大樹上有一個鳥巢，鳥巢裡有一隻熟睡的鳥兒，鳥兒安詳熟睡的表情與容顏，深深地展現了真正的寧靜！所以真正的寧靜就是在暴風雨之後的寧靜才是寧靜！真正的喜悅就是在努力過後的結果；真正的快樂就是在拼命之後的享受；真正的成功是在經歷不少困難挫折之後才會有的！

Thinking & Action

1.

2.

3.

06 珍惜現在法則

珍惜每一次的小旅程，因為可能一生只會有一次！

　　我到過數十個國家及城市，不是去演講、做企業的輔導，就是去投資與考察，有機會到很多地方和國家。我記得有一次我到北京爬萬里長城，在我攀爬長城的時候覺得好累，好不容易才堅持爬到最高點，當時心裡就想：「下次再也不爬了。」而這個下次可能就在幾十年之後。

　　你到了一個陌生的城市或是遇見某個陌生人，你是否想過可能和這個人就這麼一次的緣分，因為大部分的人的緣分都是短暫的，只有少數中的少數才能夠陪你到最後，甚至也都還無法陪你到最後。

　　年輕的時候根本想不到自己竟然會有年紀大的一天，二十歲會過去，三十歲會過去，四十歲也會過去。2020 年全球新冠疫情肆虐的時候，突然連家門都出不去，更別說出國！反反覆覆有好幾個月都是這樣，突然感覺到以前出個門買個東西這麼容易的事情，或者是坐個飛機，或是去某個地方，竟然變得如此困難！有時候我們會因為為一本書、一場演講，認識一個人或者是一個相逢，而改變彼此的命運。如蝴蝶效應所說的：別小看你的生命中每一個小決定，它都可能會產生巨大的蝴蝶效應！很多人會捨不得去旅遊、捨不得買書、捨不得學習、捨不得去對一個人好、捨不得對自己好、捨不得努力，捨不得很多人，捨不得……但有時就是一個無法預

測的改變就讓你什麼都得不到了！

　　所以，還是得及時行樂！比如該旅遊的、該對人好的、想學什麼的、或者是去想如何讓自己快樂……只要不違反法律與道德，不要影響別人自由的，讓未來在自己離開這個世界的時候能夠無憾，什麼該做的事都做了！或者是偶爾放下手機吧！去珍惜你身邊的人，因為不知道多久以後他就不會在你身邊了！

　　我曾經去美國的拉斯維加斯，看大衛魔術、席琳迪翁演唱會、看白老虎秀……那是我第一次帶團去美國參加活動，當時剛創業沒多久，其實沒什麼錢，但掙扎後還是買票進去看了！後來看到報導說席琳狄翁生病而再也不唱歌了……也聽說大衛不再表演魔術了……現在想想，真的很慶幸自己當時去看了，因為當時在席琳迪翁美妙的歌聲、現場掌聲如雷的鼓動，如今想起來就算過了幾十年，還是令人沉醉！還記得當時大衛魔術第一幕表演的是萊特兄弟好幾次的起飛失敗，仍然堅持不放棄，而大衛在魔術中竟然進到當時萊特兄弟進到起飛時的那個畫面？還有記得大衛魔術裡的大衛，盤起腿來在空中飛來飛去……還記得一幕是播放的電影裡面有個小女孩拿了一個漂流瓶，大衛在裡面塞了一張紙條丟進那個電影畫面裡，過沒多久那個女孩竟然走出電影……太多、太多神奇的魔術畫面，令人難忘！

　　如果那時我因為門票貴就沒去看，那麼幾十年之後這些回憶是不存在的，想再去看時可能人家也不表演了！可能再也沒有機會了。我常跟學員們開玩笑說，你們想學就趕快學吧，以後老師可能也不講了！對的，你現在想做的很多事如果沒有做，如果只是為了一點點錢而不去嘗試你想做的事，可能就再也沒有機會！比如孝順父母、比如讓孩子上好的學校、比如對自己的家人好一點、比如做善事、比如讀一本書、去認識一個人、去

一個地方……都是如此！

有一位歌手叫做韓紅，她寫了一首歌叫《天亮了》，裡面的歌詞是說有一位小孩在碰到地震時，他的父母用雙手、用背把小孩保護住了，用雙手跟背抵擋了無情的地震與崩塌、阻擋了建築物的水泥瓦牆，最後地震過了，天搖地動，父母死了，孩子活了下來！過了那個寒冬與深夜之後《天亮了》，小孩活下來了！這是一個真實的故事，非常令人感動，是一首非常好聽的歌。建議大家可以去搜尋，聽聽這首歌，你會深刻體會到要及時行樂、及時行孝、及時行善、及時追夢，珍惜現在到底有多麼重要！

請記得，不要為了一點點錢就跟人翻臉，一輩子老死不想往來，或許這些人是你的家人、手足、朋友或者是你的好朋友或貴人、客戶。也不要為了一點點的情緒面子，就和人翻臉，因為有時候想找都找不回來了！

《天亮了》　作詞／作曲／演唱：韓紅

那是一個秋天

風兒那麼纏綿

讓我想起他們那雙無助的眼

就在那美麗風景相伴的地方

我聽到一聲巨響震徹山谷

就是那個秋天再看不到爸爸的臉

他用他的雙肩托起我重生的起點

黑暗中淚水沾滿了雙眼

不要離開不要傷害

我看到爸爸媽媽就這麼走遠

留下我在這陌生的人世間

不知道未來還會有什麼風險

我想要緊緊抓住他的手

媽媽告訴我希望還會有

看到太陽出來媽媽笑了天亮了

這是一個夜晚天上宿星點點

我在夢裡看見我的媽媽

一個人在世上要學會堅強

你不要離開不要傷害

我看到爸爸媽媽就這麼走遠

留下我在這陌生的人世間

我願為他建造一個美麗的花園

我想要緊緊抓住他的手

媽媽告訴我希望還會有

看到太陽出來天亮了

我看到爸爸媽媽就這麼走遠

留下我在這陌生的人世間

我願為他建造一個美麗的花園

我想要緊緊抓住他的手

媽媽告訴我希望還會有

看到太陽出來

他們笑了

天亮了！

The Best
Viability

Thinking & Action

1.

2.

3.

捨得法則

07

應該要斷捨離的時候就要斷捨離，
深沉的痛苦才能換來美好的事物！

　　如果你有情感方面的痛苦，而它又是一段不該有的戀情，那麼就讓自己在短暫的時間痛苦吧！長痛不如短痛，因為谷底一定會反彈，如果你有一定要割捨的事業，或者是你有無法走出去的悲傷，那麼就讓悲傷來得更多一點，你可以沮喪、可以借酒消愁，你也可以什麼事都不做，但時間要短，在不影響身體健康、不觸及法律的情況之下，盡情去瘋狂，去沮喪難過，但時間要短，要快速走出悲傷，給自己訂三天、五天、一週的期限，過了之後就一定要重新振作！

　　從自己的髮型、衣著、生活、工作開始改變，然後重新走出來，如果你現在正處於糟糕的低潮，給自己訂個時間，到幾月幾日就要徹底重新出發，從頭到尾徹底改變，該放棄的就徹底放棄，不該聯絡的人，包括刪除通訊方式，不要留下任何的懸念跟念想，割捨得乾乾淨淨，不該有的過去讓它乾乾淨淨地徹底斷開，甚至換個地方、換個國家、換個地區、換個公司，真正讓自己重新出發，你會發現其實過去的一切，那些讓你無法接受的，都能過去了。

　　很多學員常常會問我說：「老師，我感覺你學富五車、才高八斗、上知天文、下知地理，感覺好像什麼都會！」其實是因為在我創業失敗那時

學了很多名言佳句，看了不少激勵自己的話，我都把它背下來，有時候聽著音樂一遍一遍地抄寫，這才度過一次又一次的挫折與困難，在此我也分享給大家。詞彙具備偉大的力量！當時我聽著音樂，一遍一遍抄寫著自我激勵的話語，每次都能令我熱血沸騰，滿血復活，重新出發：

- 「天上下雨地下滑，自己跌倒自己爬」
- 「若不想掀起驚濤駭浪，就不該引蛟龍入海，蛟龍入海任遨遊，駭浪狂風不低頭，今朝風雲相際會，自然一躍上九洲」
- 「若想人前顯貴，必先人後受罪」
- 「怕苦的人，苦一輩子，不怕苦的人，苦一陣子」
- 「給我一個支點就可以撐起一片天」
- 「天下有兩難，登天難，求人更難；天下有兩苦，黃連苦，貧窮更苦；天下有兩險，江湖險，人心更險；天下有兩薄，春冰薄，人情更薄；知其難、測其苦、忍其險，方能有所為」
- 「江山如此多嬌，引無數英雄競折腰。昔秦皇漢武，略輸文采；唐宗宋祖，稍遜風騷。一代天驕，成吉思汗，只識彎弓射大鵰。俱往矣，數風流人物，還看今朝。」
- 「人沒有吃不了的苦，只有享不到的福」
- 「如果一定要，我就一定能」
- 「上天絕對不會辜負我們這一群努力的天才」
- 「天將降大任於斯人也，必先苦其心志，勞其筋骨，餓其體膚，空乏其身，行拂亂其所為，所以動心忍性，增益其所不能」

Thinking & Action

1.

2.

3.

08 非自動成長法則

不會的原因就是沒有學，
人不可能自動成長！

　　做得不夠好，就表示你沒有練習，或是練習不夠，因為人不可能自動成長。你不餵嬰兒喝奶、照顧他，他不會自動長大。你把一盆花放在室內，不給它澆水、也沒有行光合作用，它不會自動開花。一個人要學會一件事如要學會游泳，就要下水去學習，想會開車就要去學，不可能自動就會開車，所以人不可能會自動成長。請記住，做任何事都要付出努力。我開辦很多演講班的課程或總裁演說班、商業演說班，學員們都曾經問過我，為什麼他們學了這麼多次的演講還是學不會？我會問他們學了幾次，大部分的人都說他們交了很多學費，學了很多次，看了很多書，但其實他們可能學了三次，一次可能就三天的課程或者看了兩本書，然後他們就覺得自己學了很多次？！

　　請問學游泳要變得厲害，不需要學幾個月或頻繁練習嗎？請問從小學、初中、高中、大學、研究所念到博士或博士後，那可是花了幾十年的時間，有人英文還是學不好！那麼為什麼學演說這個技巧，你就想要學幾次就會了呢？為什麼只想找書看，也不用心學就只是隨便翻一下，這樣就會有所領悟嗎？就像三國這本書可能你看十次都有不同的體悟，就像現在各位若是讀到一本好書，我也建議大家一定要重複看，反覆閱讀，因為在

不同的年紀、不同的處境,你會有不同的感悟,隨著時間、人生經驗的不同,會有不同的重點、不同的想法。所以人是不會自動成長的,你的團隊也不會。

Thinking & Action

1.

2.

3.

▲ 協助企業打造系統複製團隊。

09 導師法則

有人帶是幸福的，
有人教是幸運的！

　　有教練指導才不會萬劫不復，有厲害的導師指點才不會走錯路！在你人生當中一定要有一位導師，這位導師可能是你又敬又畏的人，為什麼是又敬又畏的人呢？他可能會讓你害怕，因為他有威嚴能盯著你，你敬愛他是因為他照顧你，他教導你，在你的生命中有一位讓你又敬又畏的人，是很重要的成功關鍵。

　　當你的朋友對你說，你沒必要那麼努力，對自己好一點。或者是你的朋友聽你傾訴你的失戀、你的事業挫折、你的痛苦經驗，他們給你很多的安慰，你的確需要這樣的朋友，但你更需要導師，你的導師關心的是你的未來，你的朋友關心的是你的情感。你的導師或許不會安慰你，但是你的導師會鼓勵你，你的導師只會關心你的未來，他不會去在意你的過去，你的生命中可能需要朋友，但你更需要導師，如果你的人生當中出現這樣的導師，請你一定要請他吃飯或成為他的學生、或成為他一輩子的好朋友，因為他可以隨時給你方向、給你鼓勵，他能隨時激勵你，隨時給你幫助，不管在任何方面！

　　每個人的生命中都要有一位導師可以學習，你有困惑時有人可以問，那是多麼幸福啊。在我的人生當中也出現過好幾個階段的導師，但如果你

在某個階段的導師可能已經不適用了，你還是要感謝他、尊敬他，因為他曾經幫助過你，千萬不要忘了帶你出道的人。但是你還可以再去找導師，他可以在另外一個階段給你幫助，也有些導師是可以給你一輩子的幫助，而有些導師只能給你階段性的協助，就像你讀小學有小學老師，上大學有大學老師一樣。

以下的導師法則是我在網路上看到的好文，對導師的定義有很棒的解釋，充分說明我多年擔任很多企業家與學員導師的心聲。

導師法則（摘自網絡）

你的導師不是你最好的朋友

你最好的朋友喜歡你現在的樣子

而你的導師太愛你

以至於他們渴望把你帶離現狀

你最好的朋友喜歡你的過去

而你的導師喜歡你的將來

你最好的朋友更關注你的情感

而不是你的成功

而你的導師更關注你的成功

而不是你的情感

Thinking & Action

1.

2.

3.

差很多法則

10

魔鬼藏在細節裡，
差一點點就是差很多！

　　記得小學課本裡有一篇文章叫做「差不多先生」，就是做什麼事都是差不多，但是其實差不多就是差很多，比如時間差一點點，那就是差很多，因為如果你有一個大型團隊，那麼擔誤每個人一分鐘那就是一大堆人的一分鐘。又假設一個產品，你覺得這裡可以省一點，那邊省一點，最後東省西省，品質就很差了。我曾經輔導過一家裝修公司，他們曾經想要在某方面省點錢，所以材質選差一點點，人工用差一點點，速度慢一點點，最後就差別很大。我們都曾聽過「魔鬼藏在細節裡」這句話，而我認為不只是細節，應該是細節中的細節！所以你要問自己：你的產品、你的服務、你的包裝、你的設計、你的學習態度、你對別人的好、你對父母、家人，能不能再好一點點，能不能再進步一點點，因為差一點點就差很多！

　　就像一天進步一點點，一年進步365點點，就像各位在閱讀這本書，一天看一點，一年下來就看了很多。記得差一點就差很多，就像賽跑一樣，差一點就是冠軍，但世人往往都不記得第二名是誰。就像奧運金牌的得主跟非金牌得主，人們都只會記住金牌得主是誰，所以記得差一點就差很多，不論是在考試、學習，或是在你的努力上，都是差一點點就差很多。

　　在「情景式演說」的課程裡有一個訓練叫做干擾訓練，因為在演講過程中，可能會有人高聲喧嘩，有人在台下走動，甚至你是在馬路邊這樣很嘈雜的地方演講，或許還沒有麥克風跟舞臺，所以我要訓練大家能在任何地方都可以完成演講，這是一種街頭本事，一種街頭生存力的能力，所以我安排學員去做這樣的演講練習，並嚴格挑剔每個人的動作、語言、聲音、表情，只要有人不敢表現或表現不好，我都會嚴厲指正，絲毫不放鬆，有時候有些人都已經快要受不了了，但我還是堅持不放鬆，因為我知道我的任務就是十年樹木、百年樹人，我的任務就是教學，我現在所教的每一句話、每個動作、每一堂課可能都會深刻影響每一家公司。

　　因為學員裡面有很多是大老闆，他們底下有團隊、有員工，因此我擔負的責任就更加重要了，我不能夠放鬆，不能讓學員們覺得反正差一點也無所謂，不能讓他們覺得只要學得差不多就好了！

　　曾經有人問我說：「老師你的公司有沒有一些不滿意包退的承諾。」我說：「沒有這種承諾！因為要嘛你就不要報名，要嘛你報名後，我一定想辦法把你教會，如果你的態度都是像買東西那樣不好就不要了，吃東西不好吃就不吃了，那麼你很容就會退縮，就會放棄。」

　　當老師的我都不退縮了，自然也不能讓你退縮，你可以不要報名參加學習，但只要你報名了，我就要逼著你學會為止！記得就算差一點點我都要挑剔你，我都會嚴格指正你，因為類似這樣的演練是非常重要的，我的目的是要把你教會，所以差一點點就是差很多！

　　人與人之間各方面都不會差很多，就像有人比較帥也是比較帥一點，比較美也是比較美一點，比較聰明也是比較聰明一點，比較高也是比較高一點，不可能有人比你聰明10倍、100倍，但是為什麼他們的收入、

成就可能是一般人的10倍或100倍？就是因為差一點點就差很多。所以有些人認為跟客戶溝通、跟家人溝通、跟朋友溝通、跟領導者，或者是團隊溝通，不需要講那麼多，沒必要那麼麻煩，反正都差不多。請記得事前麻煩事後就簡單，事前簡單，事後就麻煩。你能不能再多做一點點，你能不能再多學一點點，你能不能再重視品質一點，你能不能再重視客戶多一點，你能不能再努力一點，每次的一點點、一點點，再一點點，你和你的競爭對手的差距就會越來越大。

　　我曾經有過一次差點出車禍的經驗，那是因為我開車時不小心恍神、走神了，導致方向盤有那麼一點點偏掉，可能只有零點幾公分吧，但因為車速很快，一下子就差點撞到了旁邊的柵欄，我嚇得渾身冒冷汗，其實就差那麼一點點。時間加上速度，加上距離就差很多了。就像以前我們所學過的一個公式，V=V0+at，末速等於初速加上重力加速度乘以時間。也可以顯示出什麼叫做差一點點就差很多。比如你舉辦一個活動，哪裡要放一朵花，哪裡要檢查一下，地毯有沒有凸起來，或者麥克風有沒有電，這些細節都在在顯示什麼叫差一點點就差很多。

　　為什麼沒有辦法減肥成功？為什麼沒有辦法戒煙成功？為什麼事業沒有辦法成功？為什麼生活品質沒辦法提昇？就是因為很多事情都你都是抱持差不多的心態。

　　我經常去日本，我發現日本人對於每個小細節都非常重視，比如角落裡一點點的灰塵都會盡力把它清乾淨，一點點的小灰塵累積起來就是很大的灰塵，然後就是泥沙，然後就是整個房子的不乾淨。所以請你想一想你現在所做的工作，辦的活動，和人溝通……，有沒有哪些環節能夠做得更好，再進步一點，你對工作的認真與努力能不能再多一點？你能不能在閱

讀這本書的時候，每天都讀一點點，然後經過一年之後就多了365點，三、五年後，所呈現出來的差別就是天壤之別。

有一個故事是這樣說的，一位蓬頭垢面的女孩，平常不愛乾淨，全身看起來髒髒的，有一天有人送她一朵美麗的花，她覺得花很漂亮，但是沒有花瓶，所以她就買了一個花瓶，把花放在花瓶裡，花瓶很漂亮，但是擺在桌上感覺不搭、因為桌子很髒亂，所以看起來很不搭配，於是女孩就動手把桌子清一清，清完之後發現整個屋子亂七八糟，跟美麗的花，還有桌子也搭配不了，於是就把房子給打掃了。打掃完之後很累，在廁所看到鏡子裡的自己，發現自己蓬頭垢面，跟乾淨的房子、美麗的花很不搭配，於是就仔細地洗了澡，洗臉並化妝，將自己打理得煥然一新！這朵花就是小細節，就是差一點點，然後就差很多。

你的生命不見得一定要一下子改變很大，你從一點一滴開始改變，然後再多一點，然後再多一點，就會全然不一樣了，或者你想要完成某一個目標，比如你想要讓自己的肌肉更發達，你想讓自己能夠變苗條，你想要提升說話技巧，你想要學會領導力……這些都是只要你多學一點，多做一點，堅持持續下去就會有巨大的改變。

Thinking & Action

1.

2.

3.

選對遊戲法則

11

光努力工作就是一場騙局，
你必須了解遊戲的規則！

　　小時候我很愛玩一種遊戲叫做小蜜蜂，就是你用子彈把小蜜蜂打下來，然後就可以獲得高分，我曾經沉迷這個遊戲許久，覺得這是世界上最好玩的遊戲！

　　後來，有一次一位同學帶我去他家玩了另外一個遊戲叫做「大富翁」，也啟發了我後來對財富重新認識！大富翁很神奇也很有趣，它是紙牌，裡面有「機會」跟「命運」，它可以購買房子也可以購買土地，只要停在擁有房產或土地的人上面就要交錢繳稅，但有時候不小心命運會翻到坐牢就會被罰一圈不能走，有時候會翻到政府會給你一筆獎勵金！我相信很多人都玩過這個遊戲。那時的我就瘋狂地愛上這個遊戲。

　　請想像一下，如果你的生命中玩的是小蜜蜂，那就只能打下一些小蜜蜂，而且只有三次的活命機會，但是如果你的生命是大富翁的話，你可以選擇不同的賽道、不同的遊戲，可能就會有不同的結果。

　　你選擇的跑道會決定你的人生。不管你多麼努力，如果你選擇的是上班族，選擇固定薪水，你以為的安定可能有一天會被公司裁員，可能也不見得穩定。又或者你選擇靠某個人而活，說不定有一天他出問題了，你也靠不了他了。你選擇在某個地區生長，但是或許這個地方並不是個值得生

長的地方，你選擇在某家公司，你選擇跟某個人在一起，你選擇某一份事業，或者你是一個投資者、你是一個創業者，你選擇的跑道不一樣，地區不一樣，環境不一樣，這些都與你的努力無關，你的選擇就會決定你的未來，不管你有多努力！

Thinking & Action

1.

2.

3.

學校不教法則

12

學校不會教你賺錢，
只能教你成為平庸！

　　學校制度是在工業革命時由一個很小的國家開始的，他們讓學生排排坐，就像工廠的生產線，並且用年齡來分年級，他們將學校的制度改成一年級到六年級的小學，再來是初中，然後高中、大學，全世界所有的國家都延續這樣的方式來設立學校，或許也有一些不一樣的地方，有一些細小的差距，但是大部分的學校都是這樣設計的。有一位教育改革者曾經說過，如果讓他來改革，他不會讓學校分成一到六年級、一到三年級、一到四年級，而是會按照每個人的狀況、專長、興趣來做不同的區分，但由於這個世界還沒有扭轉過來成為那個樣子，所以學校所教的大部分是教你成為平庸，當然學校提供好的群體生活與改變氣質的機會和環境，只是在學習上大部分仍是教你基礎知識，提供一些學習的氛圍，雖然我們還沒辦法讓我們的下一代不去學校，還不能完全改變這個世界的學校制度，但可以改變的是，在學校以外的時間你可以讓自己及下一代做些什麼事？

　　畢業之後你到底做了什麼事？學了什麼？上課以外的時間你到底做了什麼事？應該說你學習什麼將決定你的人生。在學校時間大家差異是不會太大的，但是如何應用學校以外的時間才能突顯你和別人真正的差別，在學校以外的時間，你讀什麼書？認識什麼樣的人？做什麼樣的事？從事什

麼工作？上什麼樣的課程？讓什麼導師來教你？有沒有貴人相助？這些都是決定著每個人的人生最大的差別。

現在，請你寫下你身邊經常相處的六個人是誰呢？如果你想讓你的生活變得更好，那麼你應該要去調整成哪六個人？是不是應該跟在某方面比自己傑出的人相處，並向他們學習？雖然那樣壓力比較大，但是只有這樣做才能幫助你往上提升的。

Thinking & Action

1.

2.

3.

13 臨場說話法則

情景式演說就是把溝通與演講發揮到淋漓盡致的演講！

　　俗話說：「人有三怕，怕火、怕高、怕上台！」

　　我曾經聽說人這三件事情是人們最害怕、最恐懼的。首先是「怕火」，在美國學習的時候，我曾經嘗試赤腳走過火炭，也曾在美國的拉斯維加斯做吞火的演練，當然這些都是受過專業的指導，比較安全的，但內心還是非常恐懼，只是在我嘗試之後，就發現其實也沒那麼害怕。

　　而「怕高」，我相信大部分的人應該多少都會有懼高的症狀，我也不例外，所以那個時候我帶著一團企業家到美國大峽谷，從13,000英尺跳下來，直面怕高的恐懼。

　　再來就是上台演講、對大家說話，竟然是最令人恐懼的，所以大部分的人沒有辦法好好的表達、好好的說話。幾十年來我教授「情景式演說」，就是教導學員在任何場合、任何地方，都能夠把話說好，並達到目的與結果。這門技術是非常厲害且令人無法想像的，過去可能你沒有學過，但學了之後你就會發現原來過去沒有學是多麼的可惜，甚至有些人光是一對一的說話都沒有辦法把話講清楚，更別說達到目的了，所以溝通通往財富，而一對多的公眾演講就是要做到集體溝通，可以節省大量的時間，因為時間大於金錢。

任何人都需要學習演講、學習溝通、鍛鍊口才。不管在家庭或是成為團隊領導者，甚至只是上班族、小老闆，或者從事網路事業都需要學習演講。

對於沒有太多基礎的人比較適用的方式就是：回顧、感謝加願景。

回顧就是聊一聊過去的自己，「感謝」就是你必須要去重視聽講的人，而「願景」說的就是未來的目標與期許。這一堂課我教了幾十年還在教，不斷的升級與調整。我認為這是快速建立自信、迅速累積財富、馬上脫離貧窮，並且在這個直播盛行的時代，線上線下同時運用最重要的本事之一，就是所謂的情景式演說。

我也出了一本書叫《情景式演說》裡面最精髓、最關鍵的就是，在15分鐘之內如何透過一對多的公眾演講達成銷售、招商、建團隊、建管道、路演、眾籌的目的，並且是在任何地方、任何場合、面對任何人。其實這是學校不會教，卻是最重要的本事。而如今可以在網路上透過電腦、手機對更多人演講，所以這更是必須要學會的本事。

我經常說如果你沒有學過游泳怎麼會游泳，沒有學過騎腳踏車可能也不會騎，沒有學過開車也很難上路，而沒有學過演講，怎麼會演講呢？而且你不可能學一下子就會，你必須持續學習。我以前辦過很多次三天～四天的演講班，還有進階班，之後還在網路上協助很多全國各地、全球各地的朋友，包含歐美國家很多人，他們沒有學或者是沒有學好這門演講的學生，我透過三個月的時間，每週一小時來教導大家。我已經學了好幾十年，並且也做了好幾十年，教了好幾十年，如果沒有透過這樣的三個月系統化的學習加上努力，你很難知道這個本事就像家財萬貫不如一技在身，可以讓你隨時東山再起，能幫助你進入新市場，可以在直播的時候或者是

線上線下幫助你賺大賺錢及招人，所以我建議每個人不管跟誰學都一定要學會這個本事，不管什麼時候、不論年紀有多大，都要偷偷學起來，然後讓所有人驚豔。

Thinking & Action

1.

2.

3.

學習領導力法則

14

你的成功不會高於領導團隊的能力！

我曾經出版一本與團隊有關的書《複製CEO》，書中寫到有人問我為什麼能夠領導這麼多人，能夠帶這麼大的團隊，我說其實是因為我帶死了很多人，所以才學到了一點點帶人的方法跟技巧。認識人、了解人，你將無所不能！然而大部分的人連自己都無法了解認識，如何去了解他人，夫妻兩人都很難不會出現磨擦與問題，何況你要帶一大堆人。

為了學習好領導力，我曾經邀請世界第一的領導力大師「約翰・麥斯韋爾」多次到中國大陸演講，其實與其說請他到大陸演講，是為了想和他合作，還不如說我是因為自己想學，然後找一大堆同學來一起學習罷了。以前我就看過他的書，他說：「你的成就不會超過你的領導力」，但看書跟和本人交流還是有非常巨大的差別，所以我還是建議大家，除了跟本人交流之外，如果可以持續學習這一領域，效果將是驚人的。就像我跟很多的世界第一名各領域大師有過親密的接觸與學習一樣，想像一下你在西遊記裡看到的齊天大聖出現在你面前，那會是怎麼樣？或許你覺得太誇張了，這只是神話故事，但是如果你的夢中情人就在你的身邊，你是不是感覺更真實呢？對的，就是因為這樣，我為了想要學習領導力，除了看書、聽演講，更邀請大師跟我一起合作。

▲ 邀請世界第一領導力大師約翰‧麥斯威爾
夫婦到上海、北京等地巡迴演講。

Thinking & Action

1.

2.

3.

做了再改法則

15

不管你有多好的想法，
先開始第一步！

　　不論是多偉大的計畫，都免不了要修正，都可能需要調整。計畫趕不上變化，有時候變化趕不上一通變化。我們沒有辦法預知更多的天災人禍，也沒有辦法杜絕世事多變。這並不代表著要等到完全準備好再開始，請記得完美主義會殺人，我們是要追求卓越，但不要追求完美。大部分的人天天都會有好的想法，但就是沒有去啟動第一步，也許你會說沒有計畫周全如何能開始呢？

　　是的，只是在這裡所謂的計畫周全，每個人的看法是不一樣的。我記得《孫正義傳》裡面，孫正義先生寫到「頂情略七鬥」，指出做為一名企業領導人應該具備什麼樣的智慧——

　　「頂」指的是不可見樹不見林，要站在山頂上眺望全盤，掌握全局。

　　「情」，徹底周全地蒐集情報。

　　「略」，訂下戰略。

　　「七」表示如果有七成勝算則可一戰。因為如果只有五成，則不適於下戰書挑戰市場既有強敵。若要等到有九成的勝算，在數位競爭時代下，可能早已時不我予。鑒於「故兵聞拙速，未睹巧之久也」的說法，有七成把握就可投入戰場。

也就是說任何事只要有七成的把握，就一定要去做，因為若是要等到有百分之百的把握才做，機會早就輪不到你了。但是如果只有百分之三十、四十的把握，又怕風險太高，所以不管你有多好的想法，記得先去做第一步，先測試一下，只要測試的結果不會產生問題，不會無法收拾，不會有很大的後遺症，你應該多先試一下。

就像你走到湖邊，會看水冷不冷，觀察水深不深，但請記得綁好繩子或有教練救生員在旁邊，還要有救生衣跟救生圈，才能下水。我們的大腦不是充滿了恐懼，就是充滿了渴望，有時候恐懼太深的時候，就會連做都不敢去做。所以只要評估好風險，就果斷地踏出第一步吧。

Thinking & Action

1.

2.

3.

私教法則

16

做任何事要達到頂尖,都必須要
有私人教練,因為差一點點就差很多。

　　我喜歡運動,曾參加過不少瑜伽、健身、游泳、跆拳道的課程與訓練。曾經我猶豫過,一樣的伏地挺身、一樣的深蹲、一樣的游泳,姿勢看起來都差不多,我有必要去上課學習嗎?有必要請人教嗎?就算要我去學,選那種團體班就可以了,何必一對一呢?因為這幾種我都試過,在一對一的時候教練跟我講的就會比較仔細一點,可能是只差一點點,可能是在做瑜伽的時候那個腿要怎麼擺,雖然只有一點點的差距,但持續下來、效果就很顯著。就如同有些學生來問我,有需要看書嗎?有需要來上課嗎?有需要提早上課嗎?其實這些都只會讓你有一點點的差別,但一天進步一點點,一年進步365點,所有的成功與失敗就在一點點之間。

　　人與人之間智商不會太多;男人跟男人之間外形不會帥太多,女人跟女人之間也不會美太多,但就這麼差一點點,最後整體下來就會有巨大的差距,學習是如此,完成目標是如此,人生、事業、感情,還有對待子女,包含孝順長輩也是如此。

Thinking & Action

1.

2.

3.

17 貴人法則

找到並珍惜那個能給你機會、舞臺，並帶著你做的貴人！

人生真的太需要貴人了，有了貴人就像坐上火箭那般能直線上升，我曾經看過一本書叫做《離開公司什麼都不是》。可能很多人會覺得這樣的書是老闆想買給員工看的，但其實在日常生活當中，在很多工作上面，這個觀念其實是對的，因為你在一個地方能夠成功、有所成就，可能就是因為有很多的互補效益，可能就是因為有天時、地利、人和，可能就是有時機、有氣候、有語言、有宗教、有土地，有很多因素集合在一起的，而不是只有單一的因素，而這個綜合因素就是舞臺！

你會發現有一個人他在某個地方非常成功，但是離開那個地方或時機之後，這一輩子就再也沒有辦法創造當時的巔峰了。其實不是沒有才華，也不是不努力，更不是他有什麼問題，而是因為失去了舞台，失去了天時、地利、人和或者是失去了根本就不知道是什麼的原因。或許是年紀、或許是性別、或許是年齡、或許是太多無法知道的因素，也有可能是命運吧！但確實是這些種種因素造成結果就是不一樣。但仍然有少數還可以再更好的情況，但大部分舞台消失了，大部分綜合因素不在了，真的很難再回到以前的路徑，所以你要謹慎你所做的每一個決定，也不要去輕忽每個人所帶給你的幫助。

珍惜那些能夠幫你節省時間、幫你節省精力、幫你節省金錢的人，他們都是在團隊互補上你要請他協助的人，珍惜能夠給你指引方向的人，珍惜能夠激勵你的人，珍惜能夠帶你去一些沒去過的地方的人，珍惜能夠讓你感受到跟他說話就會有動力的人……，是的，這樣的人可能都是你的貴人，能夠給你機會的人，能夠介紹

永遠別忘了
幫過你
對你有恩的人
即使有一天不再是朋友
也不要抹黑對方說對方的不好
因為他曾在你
舉目四望茫然不知時 ...
幫過你給你撐過傘

你認識對你有幫助的人，能夠給你一些指引的人，能夠幫助你在困難的時候爬起來的人，這都是你的貴人，請記得在生命中不斷尋找貴人，然後還要抓住貴人，主動出擊去找你的貴人。

Thinking & Action

1.

2.

3.

追悼一代宗師羅傑・道森

　　我是洪豪澤，自2007年起，我就拜讀恩師世界第一談判大師羅傑・道森，關於談判成交的書籍，並有幸透過朱清成博士的介紹親自拜他門下與羅傑・道森大師本人親自合作與學習世界第一的雙贏談判技巧。

　　又何其榮幸能讓羅傑・道森大師親自推薦我的書籍及企業顧問服務，並邀請他到亞洲舉辦超過六次以上大型演講，造福無數企業家，也幫助我在與人溝通、創造雙贏、出版著作、協助企業IPO時有莫大的幫助。

　　雖然他已永遠離開我們了，但他謙和的精神、高尚人格魅力、極度專業的教學態度、世界第一的雙贏溝通談判技巧，將永遠活在世人的心中，造福全球的企業家與追求夢想的人們！別了，我的恩師，再次感恩您，祝福您，一路走好！

I am Hong haoze. Since 2007, I have read books about negotiation and transaction by my mentor Roger Dawson, the world's first win-win negotiation master. I have the honor to personally cooperate with him and learn the world's first win-win negotiation skills through the introduction of Dr. David. It is also a great honor for master Roger Dawson to personally recommend my books and enterprise consulting services and invite him to hold more than six large-scale lectures in Asia, which not only benefits countless entrepreneurs, but also helps me to communicate with people, create win-win situations, publish books and assist enterprises in IPO.

We know that he will leave us forever, but his modest spirit, noble personality charm, extremely professional teaching attitude and the

world's first win-win communication and negotiation skills will always live in the hearts of the world, benefiting entrepreneurs and people who pursue their dreams! Farewell, my teacher, thank you again, bless you, and have a good journey

核心圈法則

18

團隊與團隊之間比的
是核心圈的水平！

　　公司與公司之間比的是核心圈的水準，家庭與家庭之間比的也是核心圈的水準，國家與國家之間也是一樣。所以在三國之中為什麼劉備贏了曹操，就是因為劉備的核心圈還是比曹操厲害。

　　如果你想要組建一個公司，或者是你想要做一件事情，一開始組織成員的能力水準與素質就非常的重要。不是比每個成員都非常厲害，而是平均水準要夠高，還要互相互補，能夠在一起合作、能夠相互欣賞、喜歡對方，而你的工作可能就是能夠溝通協調領導大家，並且和大家一起共同努力，找到對方的好處，找到對方的優點互相融合。

　　當你發現你所組成的團隊或者是公司，或者是想做一件事情的主要關鍵人物有問題的時候，就要去找到更優秀的人或者是去淘汰不適合的人。因為核心圈的水平決定事業、項目是否會成功，以及能做到多大、多好。擁有能互補，價值觀一致，並且有共同目標的一群核心團隊與夥伴，是做任何事都能成功的保證！

Thinking & Action

1.

2.

3.

配偶法則

19

另一半若是錯誤的，
會大量消耗你的能量！

正確的配偶會飛速增加你的能量。在課堂上我會問女性學員：你們覺得你的老公有沒有一些缺點或問題呢？有很多同學借此開玩笑跟我抱怨他們老公的一些問題，有人說已經結婚了好幾十年了，但有些問題他們就是改不掉，生氣也沒有用。我開玩笑說：「江山易改本性難移，你為什麼要去改變那些死鬼的個性呢？」雖然只是一句玩笑話，卻也讓我們明白：不要試圖去改變別人，不要去試圖改變別人的個性。如果你還未婚，那麼請記得選對人，這比如何相處，比任何一切都還要重要。

我曾經邀請暢銷書《男人來自金星，女人來自火星》的作者約翰・格雷到中國大陸演講，他談到男人來自金星，也就是和女人來自不一樣的星球，就是火星，一個來自金星跟一個來自火星的人，如何能夠講一樣的話呢？怎麼會有一樣的文化呢？大部分的人尤其是情侶、夫妻從一開始的熱戀，到後來的熟悉，到柴米油鹽醬醋茶，日常生活產生的爭吵，就像早年聽過歌手黃舒駿寫過的那首歌《戀愛症候群》讓我印象非常深刻。開頭就是～關於戀愛症候群的發生原因，至今仍然是最大的一個謎……所以你的另一半如果不是不斷的在催眠你成功，就是在催眠你失敗！尤其性的驅動力又是讓千古男人與女人無法改變的力量，比如為了能和你愛的人見面，

如同歌手金智娟唱的那首歌《飄洋過海來看你》裡的歌詞：就算見面時的呼吸，都要反覆的練習。不知道你有沒有過這樣的經驗，把這種與另一半的關係，性的驅動力轉化為驅動你去做一件事的動力！

Thinking & Action

1.

2.

3.

20

能量法則

正能量、高能量的人
永遠處於領導者與富人的位置

　　不知道你是否曾有這樣的感覺，和許外未沒見面的老朋友見面，你能夠深刻感覺到他有很強的能量，並不是因為他穿多華麗的衣服，也不是因為他開著高級名車，但就是給你一種高能量的感覺，這是因為他的心情、他的心態、他的狀態所導致的能量。能量高的人會影響能量低的人，你要想辦法跟比你能力高的人在一起，你要想辦法讓自己變成能量高的人，那什麼是能量低的人呢？

　　不只是因為他沒有錢而已，而是要看他是否喜歡抱怨，是不是喜歡惡意批評，是不是做事都很負面。有一個理論叫做「絕對值理論」，為什麼那些負債幾十億的老闆，只要度過一段低谷時期，轉眼間就能翻身，又能做成幾十億的生意，為什麼呢？就是因為他的絕對值夠高，什麼叫絕對值呢？各位還記得在唸書的時候我們讀過負7的絕對值也是7，負100的絕對值也是100。任何的數字，只要冠上絕對值就變成正的。

　　一樣的道理，不管你現在狀況有多不好，或者是一個負數、負能量，但是冠上正能量的絕對值，出來之後就變正的了，也就是當你身處失意時，要加倍努力，當你身處得意時，要乘勝追擊。也就是放下身段，要蹲得夠低就能夠跳得更高，當你的狀況不好時，請記得讓自己變成高能量或

接近高能量的人，或讓自己寫下如何讓自己高能量的方法，比如學習，比如閱讀好書，比如接近貴人，比如找到好的導師，比如比以前更努力，這些都是提升自己能力的方法。

Thinking & Action

1.

2.

3.

抱怨必亡法則

21

快速徹底遠離凡事喜歡
反駁吐槽、負面抱怨批評的人！

　　徹底遠離那些凡事喜歡反駁吐槽、抱怨批評的人！因為這樣的人在任何方面都會失敗到底。相信大家都曾讀過吸引力法則或者是《秘密》、《不抱怨的世界》這樣的書籍，都能夠深刻感覺到，抱怨到底是多麼可怕的一件事，我剛開始做銷售的時候，就被我的領導，被帶我的人深深地催眠，他們告訴我抱怨必亡，絕對不能抱怨，不管發生什麼壞事都要把它變成好事。說起來容易，但其實做起來真的很困難，但還是必須要這麼做。當你感覺到有一點點想抱怨的時候，記得趕快斷了這個念頭，趕快轉換成正面的思想跟能量，立即轉換成正面的語言，趕快找正面的人跟你溝通，趕快去有正能量的場合，讓自己一直保持正向的狀態。

　　一等人創造環境，二等人跟隨環境，三等人抱怨環境！所謂的一等人，就是可以自己找出問題的答案，可以無中生有、可以化干戈為玉帛、化腐朽為神奇、化不可能為可能、轉危為安。比如創辦一家公司，建立一個平台，或者是自己可以去找到問題的所有答案，不需要別人給他答案。這樣的人可以無中生有，可以一生二、二生三、三生萬物，可以影響很多人，甚至改變很多人的生命，讓自己的生命也改變。比如蘋果的賈伯斯創辦了蘋果改變了世界，讓所有的人從以前的按鍵式手機變成智能型手機；

比如孫中山先生推翻了滿清政府改變了整個中國；比如哥倫布發現新大陸；比如貝爾發明電話；比如愛迪生發明電燈，比如瓦特發明蒸汽機，像這樣偉大的人都是一等人。但現在就算我們只是創辦一家小公司當個創業者，其實也是一種平凡中創造不平凡的人。而二等人就是在一開始的時候或許不見得適合自己獨當一面，自己當老大，但是他至少可以跟所謂的一等人共同搭配。在這裡所說的二等人並不是不好，而是每個人都可能有這樣的階段，或者是每個人都可能會有這樣的認知，或適合這樣的位置，跟團隊裡的老大共同搭配，其實在任何的空間與平台裡，也是需要這樣的人，比如職業經理人、CEO都是這樣優秀的人才。

但是第三種人就不是這樣的，第三種人叫做抱怨環境，我們又稱之為叫做製造垃圾的人，因為一等人會清除垃圾，而三等人只會製造垃圾或者是搬運垃圾，也就是把別人說的話加以擴大變成負面再傳給下一個人，或者是自己喜歡東家長西家短，製造謠言輿論，讓整個團隊動盪不安。

如果你身邊有這樣的人，請一定要立刻遠離他。並不是每個人都可以當一等人的，但是至少可以先從二等人做起。其實能夠跟著環境共同成長，也是非常優秀的，但切記不要當三等人，也不要當抱怨環境的人，因為最後惡運一定會回到自己的身上，讓自己萬劫不復。

Thinking & Action

1.

2.

3.

22 持續學習法則

只有瘋狂熱愛學習的人
才能不被時代淘汰，才能再創高峰！

　　有時候我會問學員結婚了沒有，如果有人說還沒有結婚，我就會建議：如果你要找老公，一定要找那種熱愛學習、喜歡學習的，因為喜歡學習的人，他的未來會變得更好。而現在各方面狀態都很不錯的人如果他不喜歡學習，他的未來可能會變得不好的。包含你在找團隊的時候，包括你在找合作夥伴的時候，包括你在找老闆的時候，包括你在找你的主管或者是你想要晉升某人職位的時候，這是一個很好的測試方法，也是一個照妖鏡，認真看待學習的人，不管看書或者是平常做任何事非常認真，甚至只要看到什麼新事物，像是便利商店新推出的廣告，他都會去研究，他看到某個產品，看到一個麵包，都想去了解一下，人家是怎麼做的，看到某一件事他會覺得好像看到商機一樣，代表這個人對商機是有強烈的敏銳度，那麼他可能也是熱愛學習的。

　　我第一次創業失敗的時候，連辦公室的房租都交不出來，當時有人向我推銷叫我去學習上課，我心裡很掙扎，因為他跟我說，如果你還是用一樣的方法就只能到達同樣的結果，我覺得很有道理，但現實的狀況是我馬上就必須面臨很多現實問題，但最後我仍然想辦法，我告訴自己一定要去學習新的方法。現在想起來如果當時沒有去學習新的方法，就永遠只能用

舊的方法，又如何能創造不一樣的結果呢？

　　所以請記得要達到不一樣的結果，一定要用新的方法，而最困難的是那如何去克服眼前的問題呢？所以你要反過來問自己，如果要克服的話，你可以想出哪三個方法呢？有什麼方法可以兼顧兩邊，包括現在的狀況跟非克服不可的狀況呢？

　　後來我去美國學催眠、學演講、學領導學、學談判，學習的時候，我不知道能不能馬上就邊學邊賺到錢，但是沒有多久我就發現這個跟洋酒一樣後勁很大，後面產生的效果令我驚訝，並且由於我在學習的時候比別人更認真，會去思考如何去落地、去執行，於是很快就有了效果跟結果。所以請記住，如果你完全沒有頭緒的時候，或是你的野心很大撐不起你的成就的時候，那就是你該學習的時候了。

Thinking & Action

1.

2.

3.

23 赤子之心法則

莫忘初衷、永保赤子之心！

　　不管你身處什麼位置，或這件事你做了多少次、做了多久，若是能始終永保赤子之心，就能持續成功再創高峰。幾十年來，我的演講場次及人數已經多到數不清了，無論是線上還是線下，過去還是現在、不論是在任何地區和國家，每一次的演講，每一次面對的對象都不一樣，每一次的內容我都是重新準備，一方面我不喜歡也不能忍受自己老是講一些舊的故事、案例和觀念，一方面我希望按照不同的客戶需求以及不同的聽眾層次，不同的需要而準備不同的內容。有人問我為什麼總是能不斷地闡述新的內容，我開玩笑說：「因為我喜歡多變，我是雙子座的，我不能忍受一成不變。」

　　我曾經聽過一個故事，有三名工人同時在修萬里長城。第一名工人在修長城的時候不斷抱怨說：「天天在這麼熱的天氣被派來這邊修萬里長城，快累死了，真煩！」第二名工人說：「這是我們的工作，不管煩不煩都得做下去，我們還是把工作做好吧，當一天和尚敲一天鐘！」第三名工人很特別，竟然邊修萬里長城邊唱歌，很開心、興奮地說：「沒想到我們正在修一座全世界最偉大的建築物，這將是多麼令人驕傲的事啊！」

　　當你不得不做一件事的時候，就告訴自己要轉換成第三名工人這樣的

心態去做，想辦法樂在其中，想辦法找出樂趣，工作是如此，做任何事也是如此，這就是所謂的面對問題，問題解決一半，逃避問題，問題就多增加一倍！

Thinking & Action

1.

2.

3.

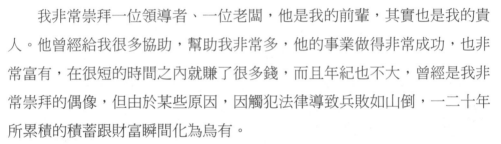

24 堅持守法法則

永遠不碰灰色地帶，
不做法律邊緣的事，不去踩底線！

　　我非常崇拜一位領導者、一位老闆，他是我的前輩，其實也是我的貴人。他曾經給我很多協助，幫助我非常多，他的事業做得非常成功，也非常富有，在很短的時間之內就賺了很多錢，而且年紀也不大，曾經是我非常崇拜的偶像，但由於某些原因，因觸犯法律導致兵敗如山倒，一二十年所累積的積蓄跟財富瞬間化為烏有。

　　為什麼有人會去吸毒，就是因為覺得吸一口沒關係，為什麼人會去犯大錯，就是一開始覺得一點點錯，沒關係，最後就犯成大錯了。如果你覺得你目前正在做的事有一點點灰色地帶，有一點點觸犯法律或道德的邊緣，就算只是踩在中間，我都建議你立刻回頭，馬上調回正軌。因為任何事都是因為一點點，再一點點，就難以回頭，就像賭博、吸毒一樣，最後就會釀成大錯。釀成大錯的人都會說一開始的時候，他們只是有一點點的誤差，沒想到最後鑄成了大錯，他們都會說自己知道分寸、說絕對沒問題，絕對不會逾越太多的底線，但最後還是出現問題了。

　　請記住別讓自己走錯第一步，不要有第一個不好的念頭，不要有第一個一點點抵觸法律或是道德邊緣的想法，那都會讓人悔不當初，抱憾終身的。

Thinking & Action

1.

2.

3.

25 逆向而為法則

有所成就的時候要低頭，
一無所有的時候要抬頭挺胸！

　　有句話說：「少年得志大不幸。」我在三十歲左右的時候，好不容易挺過家裡的挫折困難，度過了危機，讓家裡從負債到買車買房，還成立多家公司，旗下有好幾百名員工。但那時候卻犯了一個最大的錯，叫做「少年得大不幸」，雖然我曾聽過這句話，也會勸別人不能這樣，但是那時的狂妄與自大，現在說起來自己都不好意思。那時候我添購了很多西裝、大衣，還找了很多助理、秘書，其實有些根本就用不到，還在自己披上大衣的時候，讓別人在我把大衣脫下來的時候接住大衣。而且還是讓年紀比我大很多的人來幫我拿大衣，如今想想真的很慚愧，就是剛剛賺到一點小錢就非常意得志滿。這就是所謂的「半瓶水，叮噹響」。後來公司倒了，學到了教訓與經驗，果真是有些經驗叫做一身傷痕，換一份體會。

　　一個人要成功，總要交學費，早交晚交都要交，早交交得少，晚交交得多，其實我還是比較慶幸，在那樣的年紀就能碰到這樣的挑戰與挫折。當然也讓我學會了謙虛與低調。我非常尊敬和喜愛明星周潤發先生，他是馳名國際超級巨星，時常有報導說他為人隨和，沒有架子，經常吃路邊攤、坐地鐵、捐款做慈善。

　　我想他的人生活得這麼通透明白，肯定是經過很多大風大浪，最後才

發現，原來過盡千帆都只是過往雲煙。

我早期到美國向催眠大師，馬修・史維學習催眠，他提到「想像、假裝、當做是、就是」。什麼叫想像呢？就是想像你是一位老闆，所以你有老闆的氣質，有老闆的氣勢與自信；因為假裝，所以你必須要買一身行頭，讓別人感覺到信賴感。這樣子別人就會把你當成真的老闆，最後他把訂單給你，你的生意越做越好，你就真的成為了老闆。

請記住得意時乘勝追擊，失意時加倍努力，就是逆向而為法則所說的：當你在不好的時候，不要被別人看出來，也不要去向別人哭訴，沒有人會同情可憐兮兮的人，應該說是可憐的人只能換來同情，而強者才會有人跟隨，所以不要讓自己看起來很可憐，不要跟別人哭訴。把眼淚擦乾，不需要讓團隊、讓外面的人看到你的脆弱與悲傷。因為在樹上結實累累的果實才會引人垂涎，路邊的野狗只會讓人可憐，讓自己成為驕傲閃亮的蘋果吧。

Thinking & Action

1.

2.

3.

精準社交法則

26

不浪費時間在沒必要的人身上，
值得的人要三顧茅廬！

　　我有一位學員是個大老闆，他跟我學習了很久，這段期間他的生意起起伏伏、挑戰不斷，有時候變好了，但是後來狀況又變差了。有一次他特地請我去他的公司做輔導，晚上我們一起共進晚餐，因為他比較喜歡喝酒，也比較愛面子，但對人其實是比較和善的，所以很多人在飯店碰到他的時候，都會過來跟他敬酒，還有一些朋友的朋友朋友的朋友的朋友，也帶過來跟他敬酒，他一杯一杯地喝，喝得很醉之後，我就問他剛才來敬酒的人，你都認識嗎？他說他也搞不清楚！

　　其實沒必要的社交會浪費你很多時間，也浪費更多的精力。我曾經看過一部影片，講的是船王歐納西斯成功時，他的叔叔教他的一個重要的經典法則，就是你不管認識誰都要把它記下來寫在本子上，確認一下下次還要不要花時間跟這個人相處與見面，雖然聽起來好像很現實，但是沒辦法！尤其在這個網路發達，以及人脈關係複雜的時代，有時候你根本沒有辦法浪費時間，去和那些低能量、負面或者是不應該交往的朋友來往。

　　你每天花多少時間跟誰相處，你每天花最多時間跟哪六個人相處，將決定你未來的成就。所以精準的安排自己的人際交友圈，除了必須要在一起的朋友之外，其他的請記得去篩選、過濾，並且做時間安排，調整你

的交友圈，認識新的人，不要與非必要的人見面，但如果是對你有幫助的人、你需要的人，那你就要主動去找他，想辦法天天跟他在一起。

Thinking & Action

1.

2.

3.

答案問題法則

27

答案有問題就是問題有問題！

　　如果答案還是有問題，那就是問題是有問題的，記得不要在錯誤的問題裡尋找正確的答案，因為即使找到的答案也是錯誤的答案，因為問題錯了。比如你問：「自己我如何才能夠買得起房？」但是別問自己：「為什麼我買不起房。」比如你問自己：「怎麼樣才會變成第一名？」不要問：「為什麼我總是最後一名。」你要問：「自己怎麼樣才能夠有更棒的兩性關係？」不要問：「我怎麼那麼倒楣嫁給了這個死鬼。」

　　「為什麼我這麼倒楣？家裡沒錢還負債？」是不是可以改成，「如果我要讓家裡變好、振興家族，我該做哪些事？」這樣簡單的道理各位應該都聽得懂。但是，在生活中我們常常一不小心就問了自己錯的問題，然後就跑出錯的答案，進入了惡性循環。當你想問自己一個問題，當你有任何想法，請記得遵循「答案問題法則」，先將問題調整成正確的。有學員問我說，老師你講的很有道理，但是我的生意一直不好怎麼辦？我建議他將問題改成：「如果我的生意要變好的話，我會採取哪三個方案？」然後他就告訴我：「可是我這樣想之後，我還是想不出解決辦法。」我就再問他：「那如果你一定要想出來，你可以找誰問？你可以去跟誰學？你可以看什麼樣的書？你可以去哪裡找答案？」

當你想要進入一個行業，或者是想要把一件工作做好，把一件事做好的時候，你可以這樣做：

第一、請找出這個行業100個關鍵字，然後把它寫下來。

第二、找出這個行業的標桿有誰，然後去蒐集了解他們的狀況，因為現在電腦都有一個推算方式就是大數據，會把很多的類似相關的東西推給你，然後研究這些資料。

第三、找類似的書籍來研究。

第四、最快的方法就是請人指導你，找到好教練、好的導師，或者是有貴人可以幫助你，那是最快的！

請記得當你的答案有問題的時候，馬上問自己問題要如何變得更好，這是一個練習，是你一生要做的練習，會讓整個大腦的運轉與思考有極大的改變。所以包括你的家人、你的團隊、你的孩子、你的另一半，還有你自己，都要經常做這樣的練習。這個法則將改變你的觀念、想法、做法、結果以及未來。

Thinking & Action

1.

2.

3.

28 設身處地法則

自己認為太簡單的事，
別人不見得能聽懂或了解！

　　我曾經在課程裡讓企業學員們做一個遊戲，就是讓領導者蒙上眼睛，用一條黑布條或者是眼罩把眼睛蒙上，然後讓他的團隊站在距離他大概一公尺到兩公尺左右。並擺出一張桌子上面放很多紙杯子在桌面上，然後讓領導者蒙眼去擺放杯子，由團隊的人隔著 1 ～ 2 公尺告訴領導者杯子應該怎麼擺。因為他看不到，只能聽隊員的指揮，比如把杯子往左拿、往右拿，左邊一點、右邊一點，可以碰到杯子再往上疊，他只能憑感覺或者聽隊員的指示把杯子擺好。當時是很多部門同時做這樣的遊戲，所以現場鬧哄哄的，還特地放音樂，根本就聽不太清楚隊員們的聲音，勉強才能聽得清楚，因為大家都要喊得很大聲，最後比賽到底哪一個人先把杯子疊好。

　　遊戲之後大家的感觸非常深，因為領導者也就是擺杯子的人說根本就聽不太清楚，也不知道到底誰在跟我說話，也不知道到底該怎麼辦。對的，其實在我們與人相處、帶孩子、跟另一半相處、帶團隊、開公司的時候，會發現自己以為對方應該很清楚吧，但對方可能被蒙上了眼睛，或自己以為說大聲一點就可以，但是可能那個人會被別的聲音干擾，這就是所謂的設身處地法則。當你想要跟別人溝通的時候，請立刻轉換成那個人的位置，聽起來好像很容易，但很難馬上換成對方的位置，若是能馬上換成

對方的位置，你就能立即知道對方在想什麼。我也曾經做過一個演講及溝通的訓練，教人如何知道另一半及對方在想什麼，其實跟他做一樣的動作，模仿他的動作，模仿他的語言，模仿他的樣子，你就可以慢慢知道他的感覺及他在想什麼。所以設身處地能讓你在領導或與人相處時，有極大的轉變。

Thinking & Action

1.

2.

3.

聰明工作法則

29

Working hard is not working smart.

　　光忙是不夠的，要知道你在忙些什麼。學生時期唸書的時候，你是否有類似的經驗呢？就是你明天要考試了，但你還沒有準備，非常緊張地開始復習，然後看到最後睡著了，其實根本就沒看進去。但是為什麼會打開書本熬到凌晨或者熬到天亮呢？就是因為有一個安心的感覺，但請記得結果不會陪你演戲！繽紛燦爛的過程比不上實際的結果。

　　有人每天非常忙碌，卻不知道在忙些什麼。就好像在我早年一天兼六份差，擺地攤、挖下水道、當服務生、當家教，還去賣血。為什麼要這麼累、這麼忙呢？我也不知道，但好像感覺沒有忙一點，就覺得良心不安，這是一種窮人思維。所以在你每天忙碌的同時要有一點時間來做冥想，要請教貴人、要學習。

　　你是否聽過磨斧頭的故事呢？磨斧頭的故事是說有一個人在砍樹，但是砍了很久都砍不倒，因為斧頭已經變得不銳利了，旁人見了問砍樹的人說，你為什麼不把斧頭磨利之後再來砍樹呢？砍樹的人說我連砍樹的時間都沒有了，哪有時間磨斧頭呢？

　　請記得要持續改變方法，並且思考及行動，只要方向是對的，就要拼了命努力。堅持無法成功，只有堅持對的方向才會成功，努力不會成功，

除非努力在正確的方向上。請記得隨時靜下來想一想，你在忙些什麼？用結果來思考怎麼開始及要如何行動。

Thinking & Action

1.

2.

3.

30 不能流失名單法則

讓 100 人熱愛你，並且寫下不能流失的名單！

　　要整理出對你而言不能沒有的人，就是不能流失名單。在你的一生當中，有些人是不能離開的，是不能不在的，就像創立公司、創業或是想要完成某個目標的時候，有些人是不能沒有的，這就是所謂的不能流失名單。在不能流失名單裡面，你必須設定就算他想要離開，你都要去和他溝通，一而再、再而三、三而四地溝通。就像在劉備的名單裡面，孔明就是不能流失的名單，所以他才去三顧茅廬，要去一請再請。

　　當你想完成某個目標，是否有幾個這樣的人呢？萬一這個人最後還是無法跟隨你，怎麼辦呢？其實不能流失名單裡面的人是可以調整的，由於某個階段、某個狀況，所以你必須要擁有在這個階段不能流失的名單。在我的課程「複製CEO」裡面曾經談到很多的老闆從小生意到大生意、從小規模發展到大規模的過程當中，都會有一些階段性任務的人。比如這個人可能是可以陪他草創初期，但是沒辦法陪他從小到大。就像我們在生命當中有小學老師、初中老師、高中老師、大學老師，他們都是我們應該要感恩的老師，但是小學老師卻沒有辦法陪你到大學，在你的人生當中任何階段也都是一樣。所以如果你不持續進步，不持續成長，就沒有辦法跟你的另一半，或者是你的合作夥伴走得長遠，如此一來，可能你就會變成別

人的階段性任務，但別人也可能會成為你的階段性任務，聽起來有點殘酷，但這就是事實也就是生命。

Thinking & Action

1.

2.

3.

31 掌控情緒法則

沒有收拾殘局的能力，
就不要嘗試情緒失控！

　　記得我二十幾歲的時候因一開始做銷售員業績始終上不去，好不容易交了有女朋友又失戀，當時十分痛苦甚至不想工作了，什麼事都不想做。當時有一位前輩把我罵了一頓，他說了一句很難聽的話，他說像你這麼窮的人還有難過的權利嗎？他說悲傷貧窮的人沒有悲傷的權利與沮喪或什麼事也不做。那是有錢人的權利，因為在沮喪悲傷之後他們還是有收入，他們還是有錢，而我在沮喪之後，連下一頓在哪裡都不知道，像我這種人有什麼資格傷春悲秋。雖然當時話說得比較難聽，但如今回頭看，我還是蠻感謝他的，其實他說得很有道理：貧窮的人，沒有悲傷的權利。

　　有一年農曆過年，我記得我在推銷飲水機，平常挨家挨戶拜訪常常沒人在家或都沒有吃閉門羹，我的供應商告訴我，這個時候你去拜訪最好了，因為大家都沒出門，都在家裡吃年夜飯。所以那年除夕，我嘗試著約幾個夥伴挨家挨戶去推銷飲水機，去了一兩家之後被拒絕了，夥伴們就不想再跟我去了，他們說過年去推銷東西會被別人趕出來的！可是我說不對啊，大家都在，就不會有人說要跟家裡商量再給我答覆或考慮看看，因為該考慮該決策的人都在家，所以這是一個最好的時機。

　　那年整個春節假期，我天天去推銷飲水機，連除夕、初一、初二都不

例外，那個假期我是在被拒絕的謾罵中度過的。後來沒跟我去的幾個朋友事後問我有沒有成績，我說沒有，他們笑我說：「就跟你說不要那麼死腦筋，這個時候不會有人理你的，你就不相信。」雖然結論如他們說的一樣，沒做成什麼業績。但是現在回想起那段過程，雖然沒有得到結果，但那個過程給我很大的體會，也為我未來帶團隊跟創業有很大的幫助，因為我經常用這個方法來激勵團隊，告訴他們到底我們應該怎麼樣努力，為什麼要努力？雖然我連續一兩年都這麼做，應該說是三、四年都這麼做，但還是沒什麼業績，卻激勵了團隊。他們比平常時候更努力了，為什麼呢，因為他們覺得連老闆都這麼做，自己也要更努力。所以雖然表面上看起來好像沒有得到什麼結果，但其實很多事情當你做了之後，就像一顆種子一樣，它開花結果並不是在瞬間，而是在陽光出來的時候，就是在行光合作用的時候，所以現在你所做的很多事，如果還沒有結果請不要灰心，請給它一些過程與時間，它需要茁壯成長，它需要碰到陽光才會行光合作用，才會開花結果。

如何掌控自己的情緒？

情緒失控的嚴重後果經常是無法收拾的，建議你可以用以下的方式來練習情緒的掌控。

1 讓三小時候後的自己來勸自己的話，你會對情緒失控的自己說哪些話？

2讓十年後的自己來告誡自己，你會給自己哪些建議與提醒？

3找出最重要會影響與改變你生命的三個情緒及好的與不好的結果？

1 _____

2 _____

3 _____

如何運用快樂和痛苦的力量？

現在開始持續努力達到什麼結果及一年後想如何制定給自己的獎勵？

寫下自己所渴望的最美好的一天是如何度過的？

在過去曾經有什麼最令自己痛苦的經驗？

現在採取什麼樣的努力就再也不需要再回到那樣的痛苦？

Thinking & Action

1.

2.

3.

32 No excuse 法則

永遠不找藉口！
而是去想該怎麼做比較好

　　美國西點軍校有一個很重要的法則，就是這個「no excuse」法則。我從二十歲左右就開始帶人、開始領導團隊，我深刻學會了領導團隊的關鍵就是永遠不能說「不」，也永遠不能讓你的團隊說「沒辦法！」有時候領導會丟一些比較不可能的任務，甚至不合理的要求，怎麼辦呢？軍隊中有句格言叫「合理的要求是訓練，不合理的要求是磨練」，當你的團隊告訴你不行的時候，請你一定要告訴他──

　　當你給我一個問題也請給我三個答案！如果這樣不行，請你告訴我怎麼樣才行？

　　如果你做不到，請你告訴我那該怎麼做比較好？

　　如果我們能訓練自己有這樣的思維，也訓練團隊有這樣的思維，那麼每個人都會是問題的解決者，而不是問題的製造者。

　　就像在進行檢討會議時，大家都會提出很多問題，好像對這個會議有很大的貢獻，但是其實大部分的人所提出的問題都是別人的問題。日常生活當中不管是工作或事業，不論是家庭或者是生活都會有非常多需要跟別人開會的時候，這時請告訴你的會議成員，告訴他們說每個人都提出自己可以協助這個團隊或這個會議的解決方法，也就是解決問題的方案，或提

出一個問題，然後提出三個答案，並且這個答案是自己有能力做到。

　　大部分的人所做的事都是去指責別人，都是去說別人的問題，我聽過一個這樣的故事，就是在天堂每個人吃飯的筷子都非常長，但每個人都是主動夾菜送到對面的人嘴裡，所以人人都吃得很開心。而在地獄裡每個人的筷子也都非常長，但因為他們都自私地只想夾給自己吃，以致於什麼都吃不到。所以天堂是什麼，就是為別人著想，就是你想的都是如何去幫別人解決問題；地獄的世界是大家都搶，搶到最後大家都沒飯吃，所以請記得不管是做什麼活動，開任何的會議，請提出問題，提出解決的答案，並且自己能夠做什麼。

　　若是能用這樣的方式來開會，那麼所有的會議都會很有效率而且會有最好的結果。我曾碰過一位團隊主管。當我請他通知一些VIP的客戶在幾月幾日到線上來一起開會，然後他回答我說他不知道他們的電話，於是我請他去客服部門要電話，或是找資訊部門也可以要到電話。然後他就去要電話，沒多久他就來找我說：「客服部門只有他們的郵件，沒有電話。」那我又問：「可不可以先發郵件去要電話，然後再打電話通知」，於是他就去發郵件詢問客戶電話，然後他跟我說有一半的人回了電話，有一半的人沒有回，所以還是沒有電話。」我說：「那你可不可以再發一次？或者是多發幾次呢？」他說可以，後來又跟我回報大部分人都回了，但是有幾個人還是沒有回電話，所以他還是沒有那位VIP客戶的電話。我說你可不可以去找業務部門或服務過他的人員，去要對方電話呢？」然後他說可以，最後終於取得那些VIP客戶的電話。

　　我不知道各位有沒有遇過類似這樣的狀況，就是別人說一件事，才去做一件事，說一就做一，絕對不會做三。為什麼呢？因為他們喜歡幫自己

找藉口，而且不會舉一反三。

　　從今天開始你一定要訓練自己以及訓練你的團隊，讓他們知道永遠要找出答案來，而且一定找出方法，記得是舉一反八，不能說一還做不到一，只做一半，那麼你就永遠沒有往上爬的機會。不論你是什麼身份、角色，甚至你是一位創業者。一定要記得，如果有辦法你會怎麼做，而不是去找藉口。

Thinking & Action

1.

2.

3.

33 自知之明法則

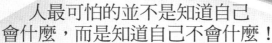

人最可怕的並不是知道自己
會什麼，而是知道自己不會什麼！

　　你要經常問自己到底缺什麼，而你也不需要妄自菲薄，而是去找人來補你的不足，不需要去強迫自己做自己不喜歡或不擅長的事，但要知道自己不會做什麼、不擅長什麼，積極去發揮自己所會的，自己不會的就要找人來互補，這就是所謂的自知之明。

　　人最可怕的並不是自己不會，而是不會也不承認，甚至不會還以為自己會，這就很糟糕了。所以一家公司、一個團隊是由有很多有缺點的人集合在一起，然後大家共同把各自的缺點與別人的優點補上，那麼這就是一個完美的、很棒的團隊。就像一個圓一樣，就是一個圓圓滿滿的圓。

　　請寫下自己的十大優點：

1.＿＿＿＿＿＿＿＿＿＿＿＿＿＿＿＿＿＿＿＿＿＿＿＿＿＿＿＿＿＿＿

2.＿＿＿＿＿＿＿＿＿＿＿＿＿＿＿＿＿＿＿＿＿＿＿＿＿＿＿＿＿＿＿

3.＿＿＿＿＿＿＿＿＿＿＿＿＿＿＿＿＿＿＿＿＿＿＿＿＿＿＿＿＿＿＿

4.＿＿＿＿＿＿＿＿＿＿＿＿＿＿＿＿＿＿＿＿＿＿＿＿＿＿＿＿＿＿＿

5.＿＿＿＿＿＿＿＿＿＿＿＿＿＿＿＿＿＿＿＿＿＿＿＿＿＿

6.＿＿＿＿＿＿＿＿＿＿＿＿＿＿＿＿＿＿＿＿＿＿＿＿＿＿

7.＿＿＿＿＿＿＿＿＿＿＿＿＿＿＿＿＿＿＿＿＿＿＿＿＿＿

8.＿＿＿＿＿＿＿＿＿＿＿＿＿＿＿＿＿＿＿＿＿＿＿＿＿＿

9.＿＿＿＿＿＿＿＿＿＿＿＿＿＿＿＿＿＿＿＿＿＿＿＿＿＿

10.＿＿＿＿＿＿＿＿＿＿＿＿＿＿＿＿＿＿＿＿＿＿＿＿＿

再寫下自己的十大不足（需要別人互補的地方）：

1.＿＿＿＿＿＿＿＿＿＿＿＿＿＿＿＿＿＿＿＿＿＿＿＿＿＿

2.＿＿＿＿＿＿＿＿＿＿＿＿＿＿＿＿＿＿＿＿＿＿＿＿＿＿

3.＿＿＿＿＿＿＿＿＿＿＿＿＿＿＿＿＿＿＿＿＿＿＿＿＿＿

4.＿＿＿＿＿＿＿＿＿＿＿＿＿＿＿＿＿＿＿＿＿＿＿＿＿＿

5.＿＿＿＿＿＿＿＿＿＿＿＿＿＿＿＿＿＿＿＿＿＿＿＿＿＿

6.＿＿＿＿＿＿＿＿＿＿＿＿＿＿＿＿＿＿＿＿＿＿＿＿＿＿

7.＿＿＿＿＿＿＿＿＿＿＿＿＿＿＿＿＿＿＿＿＿＿＿＿＿＿

8.＿＿＿＿＿＿＿＿＿＿＿＿＿＿＿＿＿＿＿＿＿＿＿＿＿＿

9.＿＿＿＿＿＿＿＿＿＿＿＿＿＿＿＿＿＿＿＿＿＿＿＿＿＿＿＿＿＿

10.＿＿＿＿＿＿＿＿＿＿＿＿＿＿＿＿＿＿＿＿＿＿＿＿＿＿＿＿＿

請寫下最能與自己互補的人名單（及特質）：

1.＿＿＿＿＿＿＿＿＿＿＿＿＿＿＿＿＿＿＿＿＿＿＿＿＿＿＿＿＿＿

2.＿＿＿＿＿＿＿＿＿＿＿＿＿＿＿＿＿＿＿＿＿＿＿＿＿＿＿＿＿＿

3.＿＿＿＿＿＿＿＿＿＿＿＿＿＿＿＿＿＿＿＿＿＿＿＿＿＿＿＿＿＿

4.＿＿＿＿＿＿＿＿＿＿＿＿＿＿＿＿＿＿＿＿＿＿＿＿＿＿＿＿＿＿

5.＿＿＿＿＿＿＿＿＿＿＿＿＿＿＿＿＿＿＿＿＿＿＿＿＿＿＿＿＿＿

6.＿＿＿＿＿＿＿＿＿＿＿＿＿＿＿＿＿＿＿＿＿＿＿＿＿＿＿＿＿＿

7.＿＿＿＿＿＿＿＿＿＿＿＿＿＿＿＿＿＿＿＿＿＿＿＿＿＿＿＿＿＿

8.＿＿＿＿＿＿＿＿＿＿＿＿＿＿＿＿＿＿＿＿＿＿＿＿＿＿＿＿＿＿

9.＿＿＿＿＿＿＿＿＿＿＿＿＿＿＿＿＿＿＿＿＿＿＿＿＿＿＿＿＿＿

10.＿＿＿＿＿＿＿＿＿＿＿＿＿＿＿＿＿＿＿＿＿＿＿＿＿＿＿＿＿

Thinking & Action

1.

2.

3.

三國智慧法則

34

三國是每個人都必須
學習一輩子的智慧！

　　《三國》是部大部頭的電視劇，一開始我覺得集數那麼多怎麼看得完？要看到何時？但是當我開始看這部電視劇的時候，整整三個月，我完全融入到劇情，彷彿自己就置身在那個三國朝代一樣，有時候就夢到曹操、夢到劉備、夢到孫權。

　　做任何事，包括看電視、電影都要非常投入，我曾經聽過一句話：「如果你把你的老爺車當勞斯萊斯一樣，那麼你很快就會擁有勞斯萊斯，但是如果你把你的勞斯萊斯當成像老爺車一樣，你就會變成只能開老爺車。」所以投入一件事，不管做任何小事大事都要認真。上天給你一點點人，如果你把他帶好，他就會給你更多人，上天給你一點點錢，你把它顧好，他就會給你更多錢。上天給你一部很棒的電視劇，如果你用心看並學習裡面的智慧，你就可以看到更多的電視劇，聽起來很有趣，但是也是很有道理。

　　電視劇《三國》大家多多少少都聽過、看過，而裡面深刻地描述曹操如何用兵、劉備如何三顧茅廬、孫權如何三國鼎立、孔明如何透過三寸不爛之舌，舌戰群雄。曹操是如何施恩和收買關公這樣的人才，但是最後關公還是回到劉備的身邊。劉備到底怎麼退位並在他死之前還把少主，這個

扶不起的阿斗託付給孔明。劉備雖然心計、謀略沒有孔明厲害，雖然沒有張飛孔武有力，殺敵也沒有關雲長厲害，為什麼卻能夠成為領導者。

這部電視劇絕對可以讓每一位領導者，或是想追求財富的，想要創業的人獲得無限的啟能。當然這也是中國老祖宗所留下來獨特的智慧。我認為這部電視劇也是一生中必看的一部電視，會讓每個人對人生、生命以及成功有極大的體會或感悟。

在《三國》這部電視劇裡，我學到了劉備的虛懷若谷，如何去尊重人才，如何積極邀請孔明出山相助，雖然我們都聽過三顧茅廬的成語與故事，但是透過電視的畫面感更令人印象深刻，劉備第一次去找孔明，孔明不在家，第二次去找的時候，說好回來又沒回來，第三次去的時候，因一句話：「下馬以示至誠。」也就是為了表示尊敬跟尊重，竟然還在很遠的地方，自己牽著馬下來走路，見到孔明在睡覺還不敢吵他，直到孔明睡醒之後，跪請孔明出山相助。當然也因此獲得孔明的尊敬，以死相隨！這就是有名的鞠躬盡瘁，死而後已！劉備竟然對人才能夠禮遇到這種地步，難怪能成為三國演義中的王者！

其中有太多的小故事都是發人深省，比如曹操的愛才、惜才，為了爭取因戰敗而不得已投降的關雲長投到自己的陣營，常常賜金賞玉，對他十分厚待，還把天下第一馬赤兔馬贈給關羽，並且看到關雲長的鞋帶掉了，還蹲下來幫他綁鞋帶，最後關雲長還是回到了劉備身邊，但是也讓關雲長感恩戴德，在一次戰役中還放過了曹操！

這些都是令人感動不已的小故事，當然還有的孔明舌戰群雄，還有孫權的少年英雄故事，以及孔明如何佈陣佈局以寡擊眾、以小博大，像我們常常聽過的空城計、草船借箭以及桃園三結義的劉、關、張，一直到現在

令人尊崇並且義薄雲天的關羽是如何過五關斬六將，只能說精彩到無法想像，好看到令人落淚、激動、感動，歡呼，並且學到許多人生哲學與經營管理的秘訣，是任何人一生都必看的一部好劇。

Thinking & Action

1.

2.

3.

新人脈圈法則

35

結識新朋友，就能連結
新的人脈、資源和經驗

　　通常人失戀了，就會想去剪頭髮或是搬家是換個地方住，甚至出國散心或留學換個環境，因為這都能改變人的心情，其實這是有道理的，你會改變你的環境，改變你的心情，改變你的磁場，就可以重新出發。為什麼呢？除了環境之外，最重要就是你可以結交新的朋友，認識新的人，所以當你因為失戀而沮喪的時候，請記得去認識新的人，這是最快的方法，當然不是要你隨便找個人，而是你要主動去認識新的朋友。

　　一樣的道理，當你事業失敗時，或是你碰到巨大挫折無法改變的時候，請記得去認識新的人脈，但我的意思也並不是要你碰到問題就換地方，碰到挑戰就去換工作，並不是這樣的，而是希望你去結交新的人脈，因為結交新的人脈，就會有新的出路，結識新的朋友，就能找到那個地方新的人脈、資源、還有經驗。我到全世界很多地方發展都是因為認識當地人，之所以認識當地人，都是因為我出了一本書，或是我舉辦一場演講，或者是我建立團隊，還有就是我透過A認識B，通過B認識C，於是新的人脈就建立起來了，就會有新的資源、新的想法，新的一切。所以請記得停止你的沮喪，去認識新的人，停止你的悲傷，去認識新的人，停止你不好的所有的一切，透過演說、透過團隊、透過各種方式，去建立新的人

脈，你就會有新的出路。

Thinking & Action

1.

2.

3.

36 活用NAC法則

重定義及活用 NAC （又叫做神經鏈調整術）

　　你可以在書上或網路上找到許多相關資料，在此我重新詮釋一下何謂 NAC。「神經鏈調整術」簡單來講，就是透過一個刺激、一個不一樣的改變，而讓你有完全不同的心情、不同的結果。舉個例子來講，有一位家裡很有錢的富二代從小就非常叛逆、愛玩，也不顧家，不求上進，後來他的父母因意外離開了這個世間，於是他突然變得非常振作、上進，判若兩人，可以說是父母的突然離世將他的神經鏈打斷了。

　　再舉個例子，有一位事業很成功的企業家，他年輕時候就喜歡抽煙，煙癮很大。後來他成家，有個非常可愛的女兒，他女兒非常不喜歡他抽煙，但是每次勸他不要吸煙，他都聽不進去，他的另一半也不喜歡他抽煙，但其實他自己也想戒煙，但是幾十年的老菸槍哪裡是說戒，就戒得掉。

　　有一天他女兒回到家突然抱著他哭：「爸爸我不要你死。」這名企業家心疼地問女兒：「怎麼了，爸爸不會死啊，怎麼突然這樣子呢？」她哭了好久才說：「因為學校老師說抽煙的人會得肺癌，最後就會死，我不要你死……」女兒哭得傷心欲絕，連續哭了好幾天，後來他決定徹底戒掉香煙，因為他太愛女兒了，而女兒的嚎啕大哭，讓他的神經鏈被打斷了，所

以，就有一系列的改變。

又比如有一名女性要減肥一直減不掉，因為她熱愛美食，也不喜歡運動，幾年後她的老公突然跟她提離婚，因為在外面有了新歡。她怎麼也想都想不到，那個她最愛的男人竟然會變心，後來她無意中聽到她老公跟那個外遇對象抱怨老婆太胖了，他對他太太一點興趣都沒有，聽到自己老公這樣的話，她痛定思痛果斷離婚，努力瘦身讓自己成功瘦下來，身材曼妙動人，因為神經鏈被打斷了。

如果你想要改變，或是你想要調整自己的某個生活形態，非常重要的關鍵就在於你覺得受夠了某一件事情就會去改變，而這就是所謂的打斷神經鏈就會有很大的改變。當你想要有一個巨大的改變，或者是你想要幫助別人有個巨大改變的時候，就是要去調整神經鏈、打斷神經鏈，讓本來的習慣因為一個巨大的衝擊而有巨大的轉變，就會改變他本來的行動軌跡，像剛才所說的戒煙、減肥都是如此。我有一門課程叫做熱情、效益、力量。裡面談到如何幫助別人去改變現有的生活藍圖，重新寫下全新的自己，就是去種下好的心錨，拔除不好的心錨，什麼叫做不好的心錨呢？

舉例有一位年輕人，早年他的父親就過世了，舉辦葬禮的時候，有非常多人就朝他右邊肩膀拍了一下，安慰他不要難過。過了幾十年之後，只要有人拍他肩膀，他就會流下眼淚來，這就是所謂的「心錨」。也就是在他的右邊肩膀，透過肢體動作，在他心中種下一顆種子，導致未來只要有人一拍他的右肩膀，就能觸動他無法控制的難過。就好像你在唱某一首歌就會想到某一個人，看到某樣東西就會思念某個人般睹物思情，這些都是被種下了心錨。

而我們也可以把心錨放在好的地方，比如我會教大家透過音樂、透過

冥想、或是通過一些自我激勵的方式，把自己在比較興奮的時候，透過錄音、錄影或是一些科學的方法遺留下來，用興奮的自己來鼓勵沮喪的自己，這也是一種自我激勵的方法，我們都稱之為叫神經鏈調整術。它是一種心理學，是一種科學，更是一種可以運用在生活、工作、感情、婚姻、事業、愛情、團隊、領導、銷售、市場……等方面的技巧。

Thinking & Action

1.

2.

3.

活用 NLP 法則

37

重新定義 NLP
（又叫做神經語言學）！

　　這個學說是由一位非常成功的世界權威專家所發明的，我在此重新定義它：NLP所說的就是文字詞彙具備偉大的力量，小心你所說的每一個字，小心你所寫下的每一個字，它可能都具備你無法想像的力量，在某些時候，不知道多久以後就會發酵，就會產生巨大的效果。你可以說它是念力，也可以說它是巧合，但可能很多事就會因為你所說出的話、寫下的每個字而產生巨大威力，只是可能不是馬上，而是在一段時間經過發酵與醞釀之後。

　　如果你遇到了一個解決不了的難題，只要不停地問為什麼，就能找到答案，這就是著名的五問法，以下分享一個真實的案例：某紀念館的牆壁損壞很嚴重，為了找到根本原因，便諮詢了麥肯錫管理公司，於是問答開始——

　　為什麼牆體看起來很脆弱？因為經常使用清潔劑清洗。

　　為什麼要經常清洗？因為有很多鳥糞。

　　為什麼會有這麼多鳥糞？因為這裡有很多鳥愛吃的蜘蛛。

　　為什麼會有這麼多蜘蛛？因為牆上有大量蜘蛛愛吃的飛蟲。

　　為什麼會有這麼多飛蟲？因為塵埃在窗外射進來的強光作用下，形成

了刺激飛蟲生長。

於是，問題解決了，解決問題的方法就是拉上窗簾，這個方法來自世界頂級諮詢公司麥肯錫。

如果你是從事銷售工作或者做生意，小心說你所說的每個字，因為你所說的每個字、每個動作、每個表情、每個語言都可能會讓這個客戶離你越來越近，或是離你越來越遠，你的一言一行都可能會讓你的團隊離你越來越近，或者離你越來越遠。所以對於你所說的每個字、每句話都要謹慎，並且你的一字一句都要經過調整，然後養成習慣，因為當你做事沒有計畫，就在計畫失敗，當你做事沒有準備就在準備失敗。當你沒有透過練習就是在練習失敗，神經語言學所說的就是透過文字語言這樣的力量，來達到你希望目的和結果，記得你不是離成功越來越近，就是離成功越來越遠。

Thinking & Action

1.

2.

3.

吸引力法則

38

除了不斷想像，
你還要持續地大量行動

　　很多人都聽過《秘密》這本書和「吸引力法則」這個理論。幾十年前我就聽過吸引力法則，簡單來說就是「你想成為什麼你就去吸引什麼，不斷去想什麼你就會得到什麼，」而暢銷全球的《秘密》這本書裡面談的也是類似這樣的法則，並且找了很多很有成就的各領域名人、專家來做見證，告訴讀者──你所想的會成為你所要的。但有人批評這根本就是騙人的，因為為什麼很多人想成為有錢人，最後還是變窮，為什麼有些人想讓自己過得好，但是最後還是過得不好，我深入研究吸引力法則與《秘密》這本書後，我想這樣的重新定義它。

　　首先《秘密》和吸引力法則所說的是，你要讓自己感覺良好，隨時保持一種感覺良好的心情。因為情緒如果不好，就會毀了一切美好的事物，因為如果有好的情緒，就能讓你做任何事都順風順水。而吸引力法則所說的並不是你去想像馬上就會得到，它是有時間的延遲，也就是你必須不斷的想像，不斷的想像，過程中你還要採取大量的行動。吸引力法則所說的，並不是說你什麼都不用做，只需要空想就能得到結果。

　　曾經我聽過一件荒謬的事，有人知道這個法則後，每天回家幻想，也不上班，工作也不做，幻想自己會變成有錢人，說這樣就可以吸引錢來，

聽起來非常可笑，感覺是走火入魔了。

這就是為什麼很多人學習都要有人協助，需要有導師。你要有人指導，就像你拿到很多舉重器材，你也不可以在家裡自己隨便鍛鍊，因為那可能會傷到肌肉，帶給你未知的運動傷害。學習也是一樣，你必須找到正確的方法，有好的導師，學習才不會走火入魔，才不會偏差，這也就是為什麼我們要學習的原因。

教練的級別決定選手的表現，要學就跟這個領域的專家、權威學，這也就是為什麼我在幾十年前就開始不斷地向各領域的世界第一名老師學習，也就是為什麼後來我所學的並不是只有怎麼做，還要學怎麼教。有些人他可以把你教會，有些人他只是很會教，這是兩碼事。

吸引力法則和《秘密》所說的是：你不但要去吸引好的，去向宇宙下訂單，你還要快速採取行動，你還要腳踏實地去做，採取大量的行動。比如，你想要達到某個目標，你不需要想這麼長遠，你只要去想前面，就像車燈照到兩公尺不斷的往前走就可以到達的地方。但是如果你把車燈指向了天空了，也不往前開車，那麼不要說到月球，這個車永遠都動不了。所以，有人學習沒有找到正確的方法，或是沒有找到正確的人教、或教導你的人是有問題的，那麼就會淪為空想，這是非常悲哀的。就好像類似成功學這樣的理論其實也是很好的，也是教人積極向上，也是讓人不斷的努力並且把目標說出來，但是如果只持續在幻想的過程中，並沒有去實踐，那就會變得非常可笑、也非常不切實際。

想要得到海闊天空，還要做得腳踏實地。我仍然認為吸引力法則是正面積極的，是讓你可以不斷行動的動力，是會讓你快樂的，但重點就在於世界上最快的速度就是按部就班，一步一步的往前進才是最重要的。

Thinking & Action

1.

2.

3.

39 環境法則

做任何事要想成功，
就要有一個成功的環境！

　　古代的孟母三遷，就是孟母將住處從辦喪事的鄰居遷移到賣豬肉的鄰居，最後再遷移到學校附近從而造就了孟子。這個大家耳熟能詳的故事，令我們清楚知道環境的重要，我在臺灣的臺北長大，當時我住的地方有很多美軍的後代留下來的，也有不少日本人的後代，從小深受著美國、日本兩邊文化的巨大衝擊。當然我就對歷史文學感興趣，也了解了很多中國的文化。我相信很多生長在臺灣的朋友都跟我有類似的狀況。

　　我們從小在中美日幾種不同的文化衝擊下成長與長大。當有人問我為什麼會到上海發展，因為我想進軍中國大陸市場，其實2000年我有到北京開過公司，大概有一年的時間，但那次進軍中國市場其實是失敗的。但因為那時去了中國大陸，反而讓臺灣的公司蓬勃發展，讓臺灣的同事團隊有很大的願景與夢想。

　　那麼，為什麼那一次會失敗呢？因為文化的差異還有諸多的原因，最重要的是當時我兩邊跑，也不夠了解當地文化。後來，2007年我移居到上海，這次就不一樣了，由於深入了解中國大陸市場，所以才能夠在中國生根紮根。可能你要問，難道到每個地方發展市場都要自己搬過去住嗎？其實若不是自己去，就必須要有人代替你去，就像我發展東南亞的市場和

美國的市場也有重要的合作夥伴來做這件事，於是就發展起來了，從「孟母三遷」我們知道環境對一個人的影響，而家庭對一個人的影響其實也是一種環境，或是你加入一個公司到一個地方，其實也是一種環境的影響，因此慎選你所待的每個環境，慎選你所要見的每一個人，它都將影響你的想法、價值觀、人生觀、未來格局與所有的一切。為什麼很多父母要送孩子去美國唸書或者是去一些他們想去的地方唸書，通過網路不是一樣能學到很多知識嗎？不一樣的是環境，就像學英文，為什麼要到大家都講英文的地方呢？就是因為環境。

　　一個人要在財務上、健康上、人生觀各方面有所提升，就必須要搬去那邊住一段時間，就算你能夠透過網路看到資料，但與你實際親身感受絕對是不一樣的。選擇一個你想要成為那個環境被同化的環境。你想變什麼人就選擇那個環境，這都是選擇出來的。

Thinking & Action

1.

2.

3.

✍ 後 記

　　感謝您讀完這本書，不論是陸陸續續看完、每天看一點、還是一次讀完，我相信本書都能給你滿滿的收穫和啟發。幾十年來的創業以及走遍這麼多地方，協助無數企業教學的過程當中，令我感覺到學然後知不足，讓我感覺到意外的來臨與世界的變化都是我們無法想像，也計畫不出來的，但這不代表因此我們就可以什麼都不做，什麼都不學，我們更需要做的是不斷去學，因為如同本書談創新時所說的：未來更好的就是從最好的去延伸出來的，未來更多的就是從現在的再不斷拓展出來的。在學習與不斷實做的過程，我相信你就會收穫到很多的樂趣與快樂！

　　本書是我幾十年來心血的累積，或許會讓你很有感觸與共鳴，或許能激發你的靈感，或許有些觀念你曾經聽過，但沒有像這樣整理出來，或許在讀每個文字的時候能夠感覺到就像我們已經是認識幾十年的老朋友在彼此聊天、在相互砥礪中共同成長。感謝茫茫人海當中能夠讀到這本書的你，希望有見面的機會，也希望有成為朋友的機會，甚至如果有機會的話，或許我們可以成為更好的朋友、合作夥伴，誰知道呢？向左走，向右走，蝴蝶效應，人生本來就是一連串的未知可能，但也因為未知所以精彩，因為可能所以有想像，因為努力所以有前行的機會，有意外困難與挫折所以可以品嚐，因為風雨之後就是風平浪靜與燦爛的陽光。不管怎麼樣，希望你能夠拿出行動並且在閱讀這本書的時候，感覺到我像個老朋友似的就在你的身邊。再次感恩每一位讀者、出版社，以及線上、線下書店的推廣，希望你能夠不斷地復習閱讀這本書，在未來的某一天、某個時間、某個地

點，我們拍一張合照，給對方一個微笑，這都是給我最好的鼓勵，再次感恩您！

我是多年的創業者，也教導過很多創業家，其中的酸甜苦辣真的只能說不足為外人道，但人生不就是如此呢？

如果當時沒有選擇從事銷售工作；

如果當時沒有選擇帶團隊；如果當時沒有選擇創業；

如果當時沒有選擇到大陸發展；

如果當時沒有選擇從事教育與企業顧問事業；

如果當時沒有選擇做全世界的生意到各國發展；

如果一切回到幾十年前剛出社會的時候，我會怎麼選擇呢？

我想，我還是會選擇隨著心走吧！

以下附上我寫的幾十首歌代表作《傳承》，是我在凌晨三點多偶然驚醒的夜晚，我夢到剛創業失敗在辦公室沮喪萬分的我，送給每一位認真活著的街頭鬥士！

以及另外一首我想到年少時心血來潮寫下對自己生命的感受！《Shake your body ！》

未來的人生，我依樣會認真地活著，有機會多幫幫跟當時自己一樣孤單、弱小、無助卻不得不堅強的自己以及更多的創業者，讓這種莫名的勇敢與愛能夠傳承下去！ Shake your body ！

傳承

作詞／主唱 洪豪澤

那是一個黑夜

咬著牙含著淚

就算無數次失敗，讓心裡哽咽

即使流乾了所有努力的汗水

我知道只要我，只要我永不退卻

度過每一個寒冬，去追求卓越

愛與分享，傳承在風中

充滿感恩，充滿四季

傳承愛，傳承下去

雖然颱著風雖然下著雨

黑夜一定會過去

Forever On legacy

手牽著手，心連著心

只要你和我永遠一起

Just for you ～～～

Just for you ～～～

Just for you ～～～

Shake your body

作詞／主唱洪豪澤

舞動你的身體

展現你的魅力

不管他在哪裡 你在哪裡 什麼距離 距離

管他今天星期幾 管他什麼大道裡

只要覺得我覺得對 管他誰會生氣

我要活出活出活出 我自己

Shake your body

舞動你的身體

讓愛傳承下去 生命就會就會有意義

讓愛傳承下去 生活就會有動力

傳承 傳承 傳承愛就是真理

從小你們告訴我這裡那裡不能去

我知道你們擔心我的身體

但是我比你們想的更有志氣

我要拿那個Steve Jobs 來比一比

就算改變不了世界 我也要活的有意義

人生只要積極只要肯努力
讓愛傳承下去 生命就會就會有意義
讓愛傳承下去 生活就會有動力
傳承 傳承 傳承愛就是真理

shake your body
舞動你的身體
傳承下去 生命就會就會有意義
傳承下去 生活就會有動力
傳承 傳承 傳承愛就是永遠的真理

選擇比努力更重要
跟對人，贏未來
帶你從0實現人生逆襲

國際級演說家
暢銷書作家

洪豪澤

生於台灣、移居海外二十年,融合
台灣、中國大陸、日本及歐美企業
等行業精隨之大成研究專家，自身
經營企業，於東南亞及美國各地教
授企業總裁班二十年。

20 從事培訓行業
年多

暢銷書籍
10 本

課程價值
900 萬

▶▶▶ 期待與您合作
LOOK FORWARD TO WORKING

你是不是經遭過這些
· 為什麼別人可以批量成交，自己卻不行？
· 拼命工作卻依舊不能精準找到客戶甚至主動上門，
不知道怎麼辦？
· 重要的匯報、面對客戶的刁難、老板的反擊，
不知道怎麼說？
· 想要提升自己的業績，成為老板眼中的高績效員工，
不知道怎麼做？

引爆演說的秘密
最有效的演說術

在線創業指導領航者

洪豪澤老師

职场
竞争力

情景式演說

獨家揭秘 全程乾貨 實戰角度 人人都能學會

課程大綱

只需要一節課
從小白到演說專家

情景式演說，**公眾演說的博士班**
教會你在15分鐘內
在任何時間、任何場合、任何地點
面對任何人達到
銷售＋招商＋建團隊＋建渠道＋路演＋眾籌
六大結果！

領導者與核心團隊必修的一門課
三個月抵三年的EMBA
大學及博士班不教的重要課

頂級大咖定製課程

打造系統複製團隊．地表最強的團隊領導力訓練

洪豪澤老師

專注團隊訓練
領導力提升30年

複製CEO　國際總裁班

顛覆以往思維覺醒課程 釋放你的潛在領袖魅力

課程大綱

只需要一節課
蛻變之路 即刻啟程

"

如何大量招募吸引優秀頂尖人才
如何透過PK與機製徹底激發團隊潛能
快速提升團領導力複製CEO達成任何目標與夢想
如何迅速吸引合夥人加入團隊
如何帶領團隊達成目標開拓新市場賺錢線上線下全球財富
新產品新項目如何進入新市場快速營利
如何打造海陸商戰團隊
如何量產及複製頂尖領導者

"

專業講師天團助陣

解鎖千萬年薪秘笈
升級銷售心理知識
沖刺頂流銷售專家

頂級大咖
定製課程

高效成交潛在客戶
破譯深層需求密碼

營銷戰略權威
創業者的終極教練

洪豪澤老師

地表最強 「情景式銷售」

硬核銷售錦囊　見證奇跡營銷　裂變無限可能

課程大綱

匠心出品
只為顛覆市場而來

如何打造個人與企業IP
如何建立自媒體營銷矩陣
如何通過互聯網做全球生意
如何成交大客戶
如何通過過濾、篩選讓客戶搶購
新產品如何進入新市場
如何讓客戶成為合夥人

溝通與雙贏談判的終極秘訣
如何打造及線上、線下銷售團隊
如何培養收錢天團
如何徹底運用互聯網思維無中生有
如何擁有紮實深厚的成交功底
如何設定及達成企業與個人短中長期業績目標

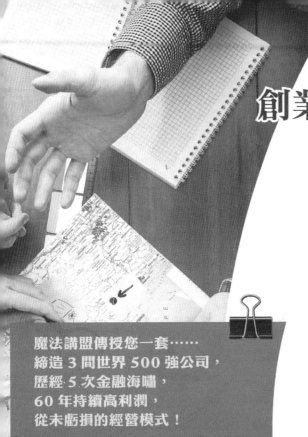

世上最有效的
企業經營理念——

創業/阿米巴經營

讓你跨越時代、不分產業，一直發揮它的影響力！

2010 年，有日本經營之聖美譽的京瓷公司（Kyocera）創辦人稻盛和夫，為瀕臨破產的日本航空公司進行重整，一年內便轉虧為盈，營收利潤等各種指標大幅翻轉，成為全球知名的案例。

這一切，靠得就是阿米巴經營！

阿米巴（Amoeba，變形蟲）經營，為稻盛和夫在創辦京瓷公司期間，所發展出來的一種經營哲學與做法，至今已經超過 50 年歷史。其經營特色是，把組織畫分為十人以下的阿米巴組織。每個小組織都有獨立的核算報表，以員工每小時創造的營收作為經營指標，讓所有人一看就懂，幫助人人都像經營者一樣地思考。

阿米巴經營＝
經營哲學×阿米巴組織×經營會計

將您培訓為頂尖的經營人才，
讓您的事業做大・做強・做久，
財富自然越賺越多！！

開課日期及詳細授課資訊，請上 silkbook◦com
新・絲・路・網・路・書・店
https://www.silkbook.com 查詢或撥打真人
客服專線 02-8245-8318

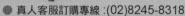

NO.8 區塊鏈眾籌與白皮書的撰寫

售價 ~~17980 元~~ 特價 12980 元　🕐150min

創業時代最偉大的商業模式，徹底顛覆資本與資源的取得方式，給予創業者前所未有的圓夢機會。手把手教你如何快速實現夢想，創業者必備的眾籌入門指南。

NO.9 絕對領導力

售價 ~~14980 元~~ 特價 10980 元　🕐100min

領導者一定只能是菁英嗎？不是當了管理階層才需要，人人必備的速成領導力課程，讓你透過絕對領導力，帶領眾人、帶領自身，邁向人生巔峰。

NO.10 不用超級開朗也能成為主持人

售價 ~~15980 元~~ 特價 10980 元　🕐125min

How To Host？透過主持心法、主持要訣，從主持前的準備，到主持中的注意事項，再到主持後的省思時間，快速從內向閉俗，蛻變為人見人愛的主持大神。

NO.11 最偉大的神探福爾摩斯探案秘辛

售價 ~~24980 元~~ 特價 19980 元　🕐240min

福爾摩斯問世已逾百年，至今仍被改編無數，為人津津樂道。本課程將帶領你進入這位名偵探的推理世界，體驗柯南・道爾筆下的日不落帝國，領略這部百年不朽的傳世經典。

NO.12 風華絕代的民初文學三巨頭

售價 ~~19980 元~~ 特價 14980 元　🕐180min

中國現代文學的奠基人和開山巨匠・魯迅、中國文學與獨立思想的桂冠人物・沈從文、近代新文化運動領袖・胡適，三人共同書寫了中國近代的文學史。翻開現代文學新扉頁，一睹文壇鼻祖風采！

NO.13 老子的 81 則人生短語

售價 ~~20980 元~~ 特價 15980 元　🕐190min

從修身、齊家、治學，到經商、為人處事，任何人都能在《道德經》中找到所需的解方。從哲學、軍事、政治、文學到宗教，老子為後世點亮了顛沛流離中的一盞明燈。

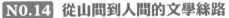

NO.14 從山間到人間的文學絲路

售價 ~~24980 元~~ 特價 19980 元　🕐235min

山海經，一本 2500 年前的旅遊專欄；世說新語，一本 1500 年前的八卦雜誌。透視戰禍裡人性的善良與罪惡，領略神州最悠遠瑰麗的想像畫卷，看見風流名士憂國憂民的深刻哀愁。

NO.15 零基礎速成銷魂文案

售價 ~~15980 元~~ 特價 10980 元　🕐120min

零經驗也能輕鬆寫出誘人文案！無論你是自營工作者、斜槓青年、文案工作者，馬上成為擁有銷量之魂的鈔級文案大師！

一鍵開啟你的斜槓副業

魔法講盟

終身不停學 線上課程 LEARNING

Magic iChannel 魔法線上學習網
突破・整合・聚匯
兩岸知識服務領航家 ｜ 開啟知識變現的斜槓志業

● 真人客服訂購專線：(02)8245-8318
● 網頁報名：請至新絲路網路書店 www.silkbook.com 或掃 QR-code
● 匯款報名：玉山銀行 (808) 帳號：0864-940-031696 戶名：全球華語魔法講盟股份有限公司
★ 使用 ATM 轉帳者，請致電新絲路網路書店 (02)8245-8318，以確認匯款資訊，謝謝★

專注前瞻創新の
智慧型立体學習平台

> "邊學邊賺"
> 業界獨創
> 讀書上課學習
> 即可獲利！

智慧型立体學習股份有限公司

　　起源於書籍出版和雜誌媒體，致力發展多元產品及知識服務，提供以書為核心的知識型服務。集團旗下有創見文化、知識工場、典藏閣等二十餘家出版社與雜誌，中國大陸則於北上廣深投資設立了六家文化公司；采舍國際為全國圖書發行總經銷，有最專業的 B2B 作業體系；有新絲路網路書店、華文自資出版平台等 B2C 系統；魔法講盟更是掌趨勢之先，開設專業且多元的實體與線上課程三百餘種，擁有全台最多的區塊鏈與元宇宙相關圖書及教育培訓師資群，有區塊鏈講師培訓顧問培訓、項目規劃、商機對接……等，為兩岸知識服務領航家，助您將知識變現，創造價值！

同時提升大腦與口袋，向智慧與財務自由邁進 !!

● 王晴天 Jacky Wang
華文網元宇宙集團／董事長
中國華文網集團／總裁
台灣國際出版事業協會／理事
台北市出版商業同業公會／理事
亞洲八大名師會／台灣區主席
世界華人八大明師協會／東道區主席
e-mail：jack@mail.book4u.com.tw
QQ：1502138036 Line ID：jack26816821 微信 ID：jack168112

元宇宙(股)公司
www.silkbook.com 統編83210333

華語魔法講盟(股)公司
www.silkbook.com 統編68602802

華文網(股)公司
www.book4u.com.tw 統編70550941

采舍國際有限公司
www.book4u.com.tw 統編28464037

智慧型立体學習(股)公司
www.silkbook.com 統編00170639

235026台灣新北市中和區中山路二段366巷10號3樓
TEL：(02)22487896　　FAX：(02)22487758
新加坡：15 Gerangoon North Avenue 5, Singapore, 554380
北京：朝陽區百子灣東里沿海賽洛城A棟
香港：柴灣嘉業街12號百樂門大廈17樓
福州：越秀區越秀北路410號8樓
杭州：西湖區北山路78號B棟

邊學
邊賺

優質的
產品

穩健的
公司

健全的
獎金

隨時
啟動

零
門檻

低
成本

回本
快

我們將助您跨域成長，讓知識轉換成收入，
開啟知識變現的斜槓志業！

📞 服務專線：02-82458318 或 02-8245878

📍 地址：新北市中和區中山路二段 366 巷 10 號 3 樓

最強生存力

作者／洪豪澤
出版者／元宇宙(股)公司委託創見文化出版發行

總顧問／王寶玲
總編輯／歐綾纖
策劃＆顧問／王鼎琪
文字編輯／蔡靜怡　　　　　　　　美術設計／May

台灣出版中心／新北市中和區中山路2段366巷10號10樓
電話／（02）2248-7896　　　　傳真／（02）2248-7758
ISBN／978-986-271-949-7
出版日期／2023年最新版

全球華文市場總代理／采舍國際有限公司
地址／新北市中和區中山路2段366巷10號3樓
電話／（02）8245-8786　　　　傳真／（02）8245-8718

全系列書系特約展示門市
新絲路網路書店
地址／新北市中和區中山路2段366巷10號10樓
電話／（02）8245-9896
網址／www.silkbook.com

國家圖書館出版品預行編目資料

最強生存力 洪豪澤著 -- 初版. -- 新北市：創見文化出版, 采舍國際有限公司發行, 2023,01 面；公分--（MAGIC POWER；22）
ISBN 978-986-271-949-7（平裝）

1.CST: 職場成功法

494.35　　　　　　　　　　　111015358

創見文化，智慧的銳眼
www.book4u.com.tw　www.silkbook.com